# 共建美丽家园

## ——社区花园实践手册

刘悦来 魏 闽 著

上海科学技术出版社

**图书在版编目（CIP）数据**

共建美丽家园：社区花园实践手册 / 刘悦来，魏闽著. —上海：上海科学技术出版社，2018.8（2024.3重印）
（社区花园手册）
ISBN 978-7-5478-4093-1

Ⅰ.①共… Ⅱ.①刘… ②魏… Ⅲ.①花园－园林设计－手册 Ⅳ.①TU986.2-62

中国版本图书馆CIP数据核字（2018）第157895号

**共建美丽家园——社区花园实践手册**
刘悦来　魏　闽　著

上海世纪出版（集团）有限公司
上　海　科　学　技　术　出　版　社　出版、发行
（上海市闵行区号景路159弄A座9F-10F　邮政编码201101　www. sstp. cn）
上海雅昌艺术印刷有限公司印刷
开本 787×1092　1/32　印张 6
字数 180千字
2018年8月第1版　2024年3月第5次印刷
ISBN 978-7-5478-4093-1 / TU · 264
定价：58.00元

前言
FOREWORD

想拥有一个属于自己社区的、美美的小花园？想和邻居一起改善家门口的那块荒废地？想在办公楼下和小伙伴们一起来种花种菜？想让自己的孩子参与公共的种植活动，建一处食物森林，在学校就可以开展自然教育？看到自己每天路过的路边绿地日渐荒废而不知如何帮忙？作为这个城市的一份子，在低头不见抬头见的都市荒漠，能否实现黄发垂髫，并怡然自乐的和谐景象？有的朋友可能会说，我们的小区没有花园。那么你想自己或者发动大家一起来建造吗？市民们一起参与营造、维护、管理的花园空间，就可以通俗地叫作社区花园。社区花园的设计营造过程是一次兴奋而奇妙的体验。无论是专业人士还是普通居民，一群人聚在一起，根据自身需求亲手改变土地，重构邻里关系。伴随着身边生活环境更加赏心悦目，每个人的日常生活也不断得到充实和改善。



这样一本手册，是我们团队根据过往几年的实践经验总结下来的一些思考和探索，还不是很成熟。我们非常乐意拿来跟大家分享。愿每个与我们有共同理想、希望改善身边环境、准备着手实践社区花园的寻梦者，不论是暂时还束手无策的普通人，还是想法天马行空的设计师，或者踌躇满志、脚踏实地的社区工作者，都能有机会一起交流。

第一章“你了解社区花园吗”介绍了社区花园的发展概况、定义解释和分类；第二章“社区花园——一个小型生态系统”从问题思考的角度提出社区花园应有的原则和基础；第三章“设计之前的调研记录”陈列出设计开始之前的准备工作，包括了解使用者需求、场地现状踏勘等，并要求做好记录；第四章“社区花园设计”对现状调研做出回应与分析，逐项讲解社区花园的设计要点：科学生态的设计在前期精力花费较多，但从长远来看能够减少后期维护；第五章“社区花园营建”讲述从图纸到营造实践的过程，包括常用的建设步骤和一些生态技术；第六章“社区花园维护”从土壤、水肥、植物养护等方面讲解后期维护方法；第七章“社区花园管理”介绍了社区花园的管理机制，特别是通过社区活动和培训建立自组织社团的过程。

这本手册旨在讲述如何通过合理的设计，并在身边土地上亲力营建实践，最终打造一个容易操作、环境友善、景观良好的花园。希望每位读者都能感受到，即便是小小的社区花园也可以成为一个有生命力的完整个体，而并非是一些公式化景观生态元素的简单堆砌。在社区花园中，我们尝试检视身边触手可及的事物，从社会参与—自然保护—生态可持续的角度，建立人与自然和谐共生的关系。也希冀每一位读者能够成为行动者，一起去改变些什么，为了自己，为了家人，也为了大家共同的家园。

希望你能喜欢这本手册，并致信 siyecaotang2014@163.com，与我们一起分享你的社区花园故事。

# 序

PREFACE

## 从社区小花园到人类命运共同体的演进

作者团队的社区花园实践，从小事做起，从空间更新入手，融合社会治理创新，着实是一个新的尝试。社区花园不仅仅是一个小花园，它是政府、企业、专家、居民共同发力的公共空间，旨在美丽家园的共同创造。什么是美丽家园？首先，它一定是有特色的，不是复制品。社区花园是由不同的民众一起营造的，它从一开始就注定不是复制品。还有一点，要让生活在其中的人感到方便、有活力，让每个人都能激发自己的潜能。这也是社区花园这样的自组织营造的基因所在，旨在通过多元的共治，激发每一位参与者的活力。



新时代的城市和它的规划是以生态文明的建构为目标导向，以创新为引领的新发展理念为基本动力，将人类命运共同体作为指导思想，从人类八千年城市文明、几千年中华文明的视野，建构具有中华智慧和理性的规划价值观、思想方法和工作方法，以不可阻挡的生命力清除传统思想方法中的问题和症结，促进人类城镇化的永续发展。无疑，社区花园这个小小的公共空间可以作为探索城镇化的绿色起点，也是生态文明建设的有力抓手，它透过这一点一滴的实践，希冀可以从社区共同体，慢慢实现人类命运共同体永续发展的时代建构。

吴志强——中国工程院院士，同济大学副校长，
全国工程勘察设计大师

# 序2

20 世纪 90 年代以来，主导上海城市更新的是大尺度和资本化的空间生产。空间生产最好地诠释了城市空间作为增长机器的涵义，见证了法国马克思主义城市学者列斐伏尔断言的“生产从空间中的生产向空间的生产的改变”，这意味着空间的资本化，即城市空间被当作资本，历史空间被当作资本，景观也被当作资本。空间生产驱动的城市更新，有其正面价值，它释放了中心区土地的生产力，提升了旧城区空间的品质，重塑了城市空间的骨架，改善了上海人逼仄的生活环境。但大尺度的空间改造损害了人性尺度的社区结构和日常生活的丰富性，剥夺了人对空间的感知能力及人与人在空间中的自由交流的机会。居民不再是自己生活的创造者，多数情况下他们只是景观社会的旁观者和商业世界的消费者。在三十多年的时间里，人们得到了空间，却丧失了社区；改善了空间环境，却冷漠了人际环境；交通的通达性高了，步行却变得困难，社会的沟通性更弱了；一个个商业中心建起来了，吸引人互动的公共空间却更少了。我们面对的挑战，正是资本化的空间生产带来的。如何整合碎片化的空间，重建互动的场所；如何走出生人社会，重建我们的熟人社区，正是新一轮城市更新的主题。大尺度的空间生产或还不能完全停下，但它在资源上是不可持续的，在社会发展上更是不可持续的；最近五年，从生产空间向生活空间的转变已经开始，无论政府、企业，还是居民、社会组织，改变效率至上的发展模式，营造人性化社区的共识已经形成；在自下而上的微空间更新在上海社区方兴未艾时，呼应从把城市当作理性构造的《雅典宪章》向建设共享、包容和参与的开放城市的《基多宣言》转变的国内国际新风向的背景，社区花园的实验就具有了特别的价值。

社区花园是都市景观的一个奇迹，更是社区营造的一个典范；创业者们把一片废地，做成了一个充满活力的公共空间，从空间入手的改造，以自然展开的教育，热闹得看似是一块园地，成就的却是社会发育的大文章。社区花园把步道带到脚下，把种植带回都市，把劳作带进课堂，把游戏带给孩子，把互动带回邻里，把生产带入生活。这一系列的回归，是把大尺度的城市进步与亲切尺度的日常改善整合起来，旨在超越旁观与创造的对立、都市与乡土的分裂、专家与常人的区分、生产与消费的分离。归根到底，以自然教育和自然种植的活动，整合过去几十年由资本化空间生产带来的人与人的疏离。社区花园的组织者，相信这场改变空间风向的努力是可能的，因为社会本身有创造力，土地本身有创造力，人们需要做的是，把改善和创造生活空间的主动权拿回自己的手里，更具体而言，拿回孩子的手里，拿回孩子的父母和亲人的手里，拿回全体居民的手里，这就是社区花园案例给予我们最重要的教益。

本书将社区花园的实践技术和实施机制用一种通俗易懂的方式传递给我们，给予普通的社区居民，因为社区花园的组织者相信，建设可持续生态的动力，归根到底是来自掌握社区设计、营造主动权的居民。



我们的关切从城市空间的碎片化、原子化和封闭化开始，呼吁回到经典社会学的生活世界和经典城市学的生活空间。社区花园是在后里弄时代重建共享空间的实践，社区花园的社区中心功能、儿童社会化功能及创造和共享意义的文化功能，或是今日上海多数社区都难以同时具备的。这至少说明，社区花园作为一个我们定义的生活世界的范本，或仍是一个理想。但此理想出于人性成长的需要、人的存在感的需要、人亲近土地的需要，以及人与人善意互动的需要，这都是植根于人性深处的动力。社区花园创造的生活场景，必定会成为感动更多都市人心灵的示范。

于海—— 复旦大学社会发展与公共政策学院社会学系教授

# 序3

## 小中见大，知行合一

《共建美丽家园——社区花园实践手册》出版面世了，这是刘悦来、魏闽两位作者的心血，是风景园林学科和专业新的发展动向之一。在过去的数年里，刘悦来博士等诸位中青年学者，走出书斋和图房，贴近社区和群众，以饱满的热情投身于社区花园的实践中。他们和居民一起，从身边做起，团结社区各方面的力量，努力营造美好景象，让我们感到无比欣喜；他们的作为，不仅具有专业价值，同时也具有很高的社会价值。

价值之一，是“小中见大”。古人云，莫以善小而不为。社区花园，不像国家公园那样气势恢宏，不像风景名胜区那样万人瞩目；但这是每个居民身边的事情，是“美丽中国”建设的一点一滴。我们的城市，正从增量发展向着增量和存量并重发展转变；我们的城市更新，需要从每个社区、每个街坊、每个街角、每个建筑做起。社区花园的实践，正是这种聚沙成塔、集腋成裘的精神体现。

价值之二，是“知行合一”。我们的园林事业，需要理论与实践相结合。而社区花园的营造，正是自下而上的公众参与。不管老人还是孩子，从旁观者变为建议者，进而成为建设者，这是一件多么了不起的事情啊。在实践中，居民分享了经验，接受了一定的专业培训，掌握了园林知识，更重要的是认识到了自己的权利和责任。而专业人士在这样的合作实践中，更加了解了居民的诉求，也从群众中间学习了造园和管理的智慧。这也是一种社区共享的精神所在。

本书分为七章，涉及社区花园的历史发展、生态系统、前期调研、设计要点、营建过程、维护技术和管理方法，是一本见物又见人的生动的专业著作。陈从周先生曾经反复强调造园“有法无式”，而这本书的意义就在于探索了社区花园营造的法则，可以为更多的社区、更多的专业工作者、更多的居民所分享。

愿社区花园成为“各美其美，美美与共”的天地。

李振宇——同济大学建筑与城市规划学院院长，教授

# 序 4

社区花园，是表情，它展现了居住于此的人们的表情；
社区花园，是教育，它在生活中发挥了其教育的作用；
社区花园，是生活，它凝结了日常生活并固结于空间。

公共与私有，一线之隔，看起来隔开了两个空间，但却又连接了私有与公共的空间，这是一件多么美妙的事情呀！当一个公共的空间不再只是符合法规与规划的需求，而是真实地串联生活与生活间的世界：私有的保持其私密与安全，而公共的使私有与私有间更具美感。这不只是一个空间应该承载的使命，更应让它们串起来成为一种艺术。



我与四叶草堂的接触从朴门永续设计开始，从此开启了更多空间设计的可能与更多日常生活的反思；我看到这本社区花园的手册后，了解到目前在环境教育与空间实践上四叶草堂已经做了非常多的先驱工作，能让未来想要操作社区花园的伙伴们可以找到一种方式，重新思考关于社区里的公共空间如何来操作实践。而其中四叶草堂进行社区花园的操作，不只是一件件景观改造案例，更是试图使人更融入生活质感空间的改造，空间也借着操作提醒着我们：它们是一种活的、有机生长的空间。

社区花园可能有以下几种基本特质：

第一，响应当代环境。社区作为一群人所居住的地方，安全与健康的居住环境相信是大家所需求的。一个社区花园的健康应该不只是植物生长的样貌良好而已，而是可以促进一个区域环境的健康生活，健康的生活可以是基于环境友好的方式所进行的环境营造，而社区花园里所呈现的也将不只是一种花园的形式，更是对于地球与环境现状的一种响应；如此一来，一个社区花园的基本态度是建立一个友善于地球的环境空间。

第二，响应使用者。作为一个面对大多数使用者的场所，尽可能地照顾大多数人、关心少数行动不便的人，促进社区里人与人的连接。使用社区花园的人，应当是社区里的大多数人，每一个人的需求不一样，社区花园的状态也会有所不同。当然过去的社区公园可能可以思考的、参与的人口受限于发展现况的影响，导致空间的使用程度不高；然而就目前经济高速发展的情况下，人们对于生活空间的要求与质量的需要而言，一个具有符合社区居民需求的花园就更加重要了，这也是社区花园对于人的连接性。

第三，在有限的空间，使其具有共享的本质。由于社区花园的空间调性是一个公共的区域，所以空间不会是专属于特定人的，这样大多数的人才有机会来使用这个空间。但有时候实情是社区花园通常也会是由一群热心公共事务的人们来维护的，他们不为别的，就是站在社区一份子的角色上尽了一份心力来维护这空间。当然，从使用者也是维护者的立场而言，包容与接受空间的共有性也是作为社区花园共建、维护的一个重要历程；我们必须接受空间的有限，使空间成为友善的分享基础，进而影响更多的人。



最后，美学的处理也是社区花园必须要思考的基本态度。如果一户人家具有生活的、教育的甚至是社区表情的空间，那么看一个花园就可以大概理解这户人家对于空间的处理美学观点。有的人家会把门前的庭院空间整理得一尘不染，有时候甚至是有些简约的美感；而有的人家则会依四季的情况让庭园里充满不同季节的开花植物，这些主人是非常喜爱花草的；还有的人家除了花草的种植外，更会加入其他自身创作的艺术品，走在那样的庭园之中，会觉得像是在欣赏一处美术馆。私有的庭园表现出了住在里面人的生活，而公有的社区花园呢？它更是集合了众人的智慧，参与、共建、共有的一种产物，社区花园的表情可能是多元的，不是单一的；是丰富的，不是单调的。社区里的居住者都可以将其生活的记忆透过参与共造的手头技艺进行转换，而这样的记忆将凝结成百花绽放的空间。

社区花园总是有种特质，从友善的环境对待方式、友善的人与人的连接，到友善的分享基础及友善而亲切的社区美学，这空间不是占有，而是小区共享的开始，更是展现每家每户到社区生活的一个重要环节。您觉得您的社区花园的表情是什么样的呢？当然决定权在您的手上。

颜嘉成——台湾花莲东华大学社会参与中心研究员，
朴门永续设计专业认证教师及设计师

CONTENTS

# 目录

## 第一章　你了解社区花园吗

## 第二章　社区花园——一个小型生态系统



## 第三章　设计之前的调研记录

## 第四章　社区花园设计

## 第五章　社区花园营建

## 第六章　社区花园维护

## 第七章 社区花园管理

# 1

# 你了解社区花园吗

# 第一章
# 你了解社区花园吗

你一定会有很多疑惑，花园和社区有什么关系？社区花园需要做些什么事情？会面临什么问题…当你打开社区花园手册，你需要做的就是攻克每一个阶段的难关，然后享受这个过程。

社区
读花园
资源
将专业化的花园
营建技能转化为公众
可参与协作的工作内容,
实现社区居民的
零门槛参与.
营建
栅栏
种植池
土壤
道路
其他
种植
光照利用
景观小品
废弃物
标识系统
雨水
维护
小花园的生命力
依赖于有持续热情
和不断学习完善的
社区自治队伍.

## 1.1 什么是社区花园

简单来说，社区花园是由社区民众共同参与和分享的园艺用地。这些生活在同一个社区及附近的人，以志愿者方式或个体或形成社团对社区花园提供日常的管理和维护。

审视我们周围的公共环境，经常能看到一些形式功能单一、管理不善的绿地或闲置空地，还有相对陌生的邻里关系，使我们的社区空间变得消极。社区花园作为一个空间载体，仿佛施加了魔法一般，将乏味的场地转变成具有活力的交流场所，带来更多的包容性和可能性，在人与人、人与环境之间创造出更多的联系。随着关系的改善，这些场所承载的功能比我们期待的更加丰富，带来更多的社区认同感和归属感。



## 1.2 为什么需要社区花园

### 1.2.1 对社区精神的价值

社区公共空间会影响每位居民的生活品质。长期以来，我们已经习惯了这些场所由专人管理——即便是在自己居住的社区里，如果对环境感到不满意，往往也只能去投诉物业，或者只能抱怨了事。更多的时候，我们对社区公共事务表现出漠不关心的姿态，或是想到了，但不知如何参与。

社区花园创造出公共空间的使用平台，让每个人都可以平等地参与，发表自己的态度和意见。也许会有观点不一致，但是经过共同协商，往往还是能够找出合适的解决方案的。这时候居民逐渐具有主人翁意识，意识到自己与土地的关联，从而对社区产生信任感。随着参与度的不断提高，社区慢慢变得更有温度和活力。

### 1.2.2 对生态环境的价值

环境友好型社区花园要求对生态环境产生的负面影响最小，通过科学的设计规划形成可持续的生态效应。社区花园能形成一个微型的生态系统，调节社区的微气候，为城市中的鸟类等动物提供繁殖、栖息的场所，对于提高城市物种多样性有重要的作用。

社区花园可以将城市社区中零散的绿地纳入生态系统中，像一块一块的马赛克镶嵌在城市空间中，形成一个集结的网络结构，实现社会与自然环境和谐共存的目标。

### 1.2.3 对孩子的价值

自然教育的重要性众所周知。社区花园是我们身边的自然小天地，孩子们不必走到很远的郊外就可以近距离探索。孩子们双手触摸泥土、播撒种子，随时观察着植物成长过程的点点滴滴，直到开花结果。充满变化和惊喜的花园能激发孩子们的想象力和学习乐趣，并理解劳动的价值和意义。在社区花园的实践中与其他小伙伴合作交流，还有助于提升交往能力和团队精神。孩子们将学会处理自我与他人、与社会、与自然的关系，实现“个体个性化”和“个体社会化”的平衡发展。

### 1.2.4 对老年人的价值

随着社会老龄化程度的加深，社区中老年人的身影越来越多，老人独居的现象越来越普遍。孤独感是老年人生活中很常见的情绪，他们渴望被关注，渴望交流与沟通。社区议题和内容的单一性导致老年人的生活呈现单一化，社区老人多集中在棋牌室以及能晒到阳光的空间。老年人目前是参与社区事务的主体，对丰富的社区生活有很大需求。社区花园所提供的场所和内容，让老人能在其中找到老有所用、老有所教的价值感，重

拾对自己的信心。

### 1.2.5　对于社区青年的价值

这个时代的年轻人受教育程度较高，收入水平不错，工作中大多时间面对着电脑和其他工具，缺少和社区的联系，在生活中有强烈的愿望去做一些实事或者结交一些有趣的朋友。社区花园为城市中缺少情感依托的年轻人提供了一个可创造的自然空间，让他们能在体力劳动中学习和交朋友，以主人翁的心态参与社区事务的讨论，一边学会尊重自然一边通过劳动感受生活的真实感。

### 1.2.6　对邻里关系的价值

不同年龄阶段的人群基于共同的生活空间和社区花园议题相互了解和交流，可以使社区的关系网络更加丰富和稳定。建立一个以园艺种植和可食地景为纽带的平台，实现跨越年龄、职业、阶层差距的社会交往，体现包容多元的城市环境的社会价值，尤其是让弱势群体有机会去获得劳动带来的尊严，产生对社会的认同感，营造更和谐的家庭、邻里关系和氛围。

### 1.2.7　对乡土文化的价值

农耕文化是中华文化的基石，地域多样性、文化传承性又决定了每个地方有着不一样的乡土文化，而这些正在逐渐受到城市化发展的排斥，走向记忆和空间的边缘。在城市更新的过程中，关于城市特有的记忆越来越少，在景观空间上的表现千篇一律，城市人不再知道什么是乡土植物。实践农耕文明，可以让乡土文化以更有生命力的形式在城市生活中延续。

# 1.3 社区花园发展简史

## 1.3.1 社区花园在欧洲

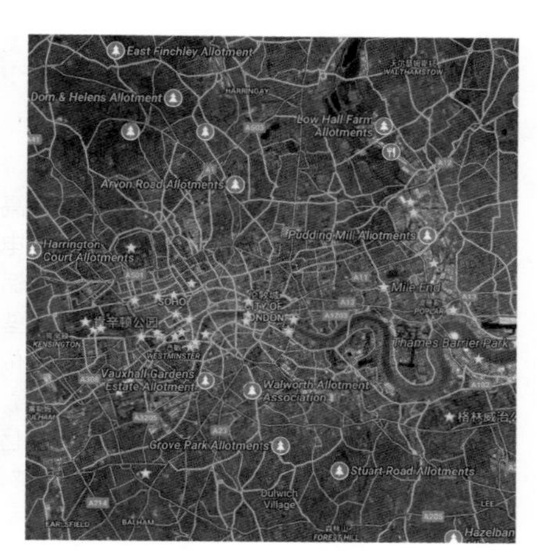


伦敦社区花园地图

社区花园在英国被称为“allotment garden”（份地花园），在德国被称为“Kleingarten”，起源于1845年在圈地运动和工业化过程中失去了土地的城市居民，要求得到约1 011 m²（1/4英亩）的土地以满足生计。随后在立法的推动下，德国、法国和荷兰等欧洲国家均颁布法案或相关规划制度支持社区花园的发展。1921年，欧洲一些国家创办了国际组织，去游说欧洲议会保护社区花园。在两次世界大战和大萧条时期，社区花园因为国家的推动力形成高潮。20世纪90年代以后，社区花园经历了从食用为主向休闲为主的过渡。

德国的社区花园

英格兰社区花园

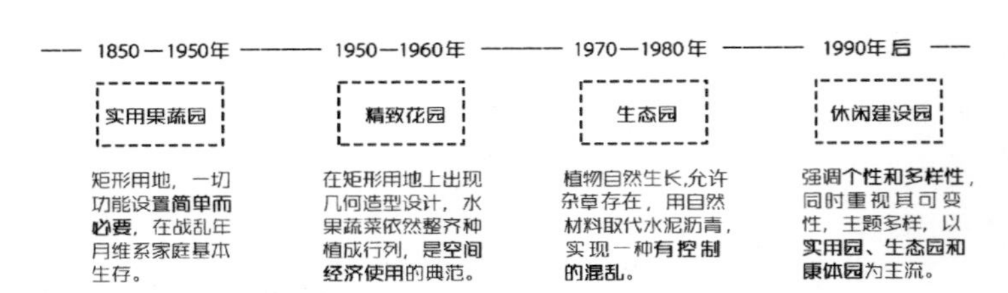


欧洲社区花园发展阶段

## 1.3.2 社区花园在北美

社区花园在北美被称为“community garden”。北美的社区花园起源于19世纪末，由于制造业的衰退和移民潮，加之20世纪的金融危机，为抵抗通货膨胀，民间自治力量利用闲置废弃地种植果蔬花草来实现食品保障。自20世纪70年代以来，美国有超过800个社区花园，这些社区花园对城市中减少犯罪、改善食物、创造良好景观环境有所贡献。多元化的农园经营模式促成了多领域的合作，教育改革者提倡学校农园作为与教学内容相关的互动教学场所，美国公民美化运动激励妇女团体、花园俱乐部等团体支持空地花园、儿童花园，非政府组织（Non-Governmental Organization，NGO）

等，为市民农园提供广泛的志愿者支持。美国最大的社区园艺计划 Green Thumb 行动开始于 1978 年，旨在应对城市金融危机导致的土地废弃，倡导与城市谈判，为纽约市 500 个市民花园提供长期的活动材料支持，并以涵盖园艺农业社区领域的工作坊形式每年为社区注入新的活力。今天，北美有各式各样的花园计划，包括邻里社区花园、儿童花园、园艺治疗花园和创业工作培训花园等。

**美国社区花园发展**

土豆补丁（1890—1930 年）
学校花园（1900—1920 年）
城市美化和闲置地块耕种（1905—1910 年）
战争花园（1917—1920 年）
救济花园（1935—1979 年）
胜利花园（1941—1945 年）
社区花园（1980—）

**加拿大社区花园发展**

铁路花园（1890—1930 年）
学校花园（1900—1913 年）
都市园艺和闲置地块耕种（1910—1920 年）
战争花园（1914—1947 年）
救济花园（1935—1941 年）
反文化花园（1965—1979 年）
社区开放空间（1980—）

**北美社区花园发展年表**

### 1.3.3 社区花园在日本

社区花园在日本被称为“市民农园”。日本的市民农园源于欧洲，早在 19 世纪 20 年代，园艺爱好者就自发成立了“京都园艺俱乐部”，经营着类似份地花园的市民农园。20 世纪 60 年代末，一方面由于农民为保护自己的生产方式抵制二战后快速城市化进程，另一方面由于都市居民对园艺农艺的需求，大量的城市居民开始租借农地从事园艺农艺，促使社区农园在这段时间得到快速发展。

日本市民农园种类十分丰富，针对不同需求人群都有特定主题，其中以大城市周边的日归型农园居多，这说明交通便利程度对城市居民参与市民农园的积极程度有非常重要的影响。按照距离的远近，可以划分为近邻型市民农园、日归型市民农园和滞在型市民农园，其中，滞在型市民农园可以为租用者提供住宿的地方。根据市民农园的用途，又可以划分为家庭农园、学童农园、

日本租赁给居民个人的社区农园

高龄农园（也称为银发农园）、残疾人农园等。日本市民农园总面积比较小，用来出租的地块数量多，租用期一般为五年以内，周转速度较快。这反映出人多地少背景下，农园利用率高以及市民参与积极性高。日本近一半的市民农园由日本农园协会经营，其他市民农园大多由民间企业和非营利组织（Non-Profit Organization，NPO）经营。



### 1.3.4 社区花园在发展中国家

当地球上的能源被消耗殆尽的时候，我们要如何生活？在全球高能耗的发展已经不可持续的情况下，我们可以通过改变自己的生活习惯来迎接挑战。古巴在石油危机后开始实行永续农业的发展方式，人们开始回归社区合作，摆脱依靠化石燃料的生活，并且实现土地的复育，使作物健康地产出，用都市农耕实现了自给自足。

印度普纳市民的屋顶朴门实践花园

菲律宾达沃城市农园

**马来西亚槟城社区蔬菜园**

**俄罗斯社区资源中心为群众提供社区花园相关知识**

发展中国家的社区花园既有生产功能，也承担着邻里交流的功能。例如，在非洲地区，社区花园多位于郊区，以可食植物为主，为社区提供了健康的果蔬食物。



### 1.3.5 借鉴经验

大量研究文献对社区花园发展历史上出现的环境、社会问题及其逐渐发展成熟形成的稳定多元的体系进行解读和记录，这对我国的社区花园发展有着重要的借鉴意义。结合中国独有的社会背景，我们总结了社区花园营造的几个关键要素：

- 政府的引导和监管。
- 完善发展的法律政策保障。
- 环保、教育、社会领域的 NGO 的统筹管理。
- 以共享为核心价值的社区高度参与。

### 1.3.6 国内社区花园的现状

国内居住区居民自发种植行为早已有之，社区花园倡导的都市田园生活并不是舶来品。这是一种植根于传统农耕文化中对理想诗意生活的向往和期待，是自古以来中国传统农耕文化所孕育的人对自然的热爱和对田园生活的向往，也是中华人文思想的延续和传承。传统的农耕文化对当代的城市生活产生着潜移默化的影响，社区花园作为都市农业在社区中的表达，是对自然和乡愁的记忆追寻、对传统的认同与回归。居民系统组织的社区花园特别是位于城市开放街区中的社区花园最早出现在上海，目前由四叶草堂在推广。2016年以来，全国其他城市的社区花园开始萌芽，如武汉、成都、南通等，其中一些具有生产功能，大部分发挥着邻里交流功能。

**特征：**

- 地理位置：从郊区到市区。
- 用地规模：从大农场到小花园。
- 组织形式：从自下而上的社区居民自发，到社会组织介入支持组织参与种植维护。

老旧社区的居民共治

屋顶花园业主参与种植

小学生参与社区花园的维护

## 1.4 社区花园的分类及营造主体分析

社区是若干社会群体或组织聚集在某一个领域里所形成的一个生活上相互关联的大集体，是宏观社会的缩影。社区花园从广义上来说，是有社区属性的城市公共空间；从狭义上来说，是有人群集中生活的城市公共空间。

社区花园分类各式各样，各类因子组合在一起形成了问题交织、错综复杂的社区状态，因此，每个社区花园都有侧重地去解决某些特定的社区问题。本书根据上海在地化的实践探索，选择绿地系统作为分类依据的四种类型社区花园的特点及主要矛盾来详细讲述。

社区花园分类图

### 1.4.1 校区型社区花园

- 校区内部成立相应的部门统筹管理社区花园，对其景观性维持有一定的保障，可弥补寒暑假师生照料的缺位。
- 扮演着户外教室的作用，与教学课程、果蔬种植相结合，学校老师带领学生参与自然实践，具有自然体验和科普教育的功能。
- 探索家校互动模式，建立学校教育和家庭教育共同发挥作用的机制，让老师、家长和学生共同感受参与自然的体验。

- 户外教学环境造成老师管理上的困难，所以校区型花园建议选在教室、室外庇护所附近，方便从室内到室外的过渡，以及方便老师看管。

### 1.4.2 园区型社区花园

- 产业园区的权属明确，土地的使用权和管理权归属企业，花园被使用的时间多为工作日的休憩时间，使用频率偏低，建议选址在人流集中点，如通往食堂的必经场所，作为工作人员午后的休憩参与空间。
- 花园使用人群多为园区内工作人员，整体年龄呈现年轻化趋势，对花园景观和内容的品质要求较高。
- 可与园区内企业或部门形成共建关系，共享资源。



### 1.4.3 住区型社区花园

- 住宅土地归全体业主所有，商品房住区由业委会和居委会召开居民大会讨论通过，老旧社区由于上个世纪住房制度不完善，目前没有统一的业委会和管委会，主要由居委会负责社区事务。
- 商品房住宅区由于建成时间晚，绿化品质相对较高，社群关系疏离，对公共事务关注参与度低，但业主经济水平和文化程度较高，适合居民内部小团体自发组织社区花园的建设。
- 老旧住宅区由于建成时间早，设施老旧，景观品质差，主要依靠政府的扶持经费，居住人群多为老年人，空闲时间多，园艺兴趣爱好者多；租赁居民较多，对参与社区事务的积极性较低。

### 1.4.4 综合街区型社区花园

- 由若干个不同属性的区域组合而成，包括但不限于住宅、商业、学校等类型用地，所以社区花园的营造主体依据其用地权属可以灵活变动。
- 在一定的区域内存在较多的利益相关方和权属方，各方团体之间会产生冲突和矛盾，需要组织方反复的沟通协调，谨慎推行，适当妥协。

- 这类社区花园的使用人群构成较为复杂，既为场地创造了多样化的人流，又对其复合功能组合提出要求，需要充分考虑多种使用人群的需求。

在老旧住区型和街区型社区花园中，政府的话语权比较强势，可以辖区居委会为核心，组织居民代表及志愿者组成管理委员会。有些地块具有综合性，例如，开放园区兼具园区和综合街区的特点，应根据其主要特点和主要人群构成来辨别。

# 1.5 社区花园建立的营造体系



## 1.5.1 建设要素

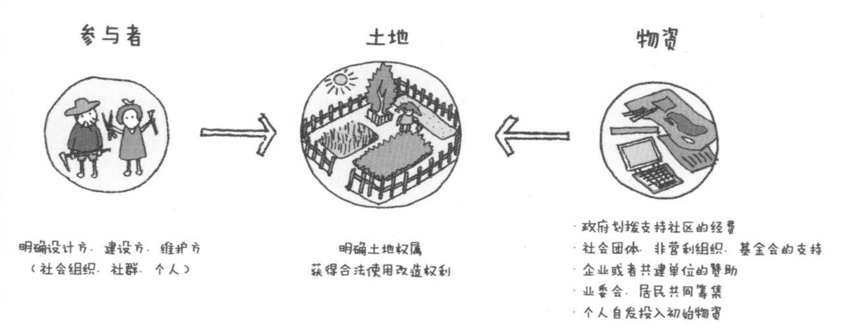


## 1.5.2 营建目的、过程和内容

（1）营建目的：打造参与式景观，拉近人与人、人与自然的关系。
（2）营建过程：调研—设计—营建—维护—管理—更新。
（3）营建内容：

- 景观空间：景观品质提升　园艺技能培训　自然课堂　自然体验；
- 社区营造：自组织能力建设　群众社团建设　社群。

想——都是问题，做——才有答案。前面已经学习了系统的流程和做法，很多朋友可能觉得复杂。其实大家可以尝试在行动中逐渐凝聚参与的力量——美化家园，人人有责。如发现社区中状态不佳绿地，以自发小组的方式先进行种植美化，在这个过程中遇到问题再去讨论，逐渐达成共识，这样往往更容易解决问题。

## 1.6 可能遇到的困难



$Q_1$：从私人空间走入社区公共空间有困难。很多人喜欢在自家阳台上养花，但一听到“社区花园”是大家一起养花就比较抵触。

$A_1$：爱美之心，人皆有之。从个人封闭空间走向公共开放空间是一个循序渐进的过程，一开始不需要强求大家接受共同参与的理念。但是，社区花园是可以被所有人欣赏的社区财富，爱美之心，人皆有之，保持开放的氛围并有一定的宣传力度，加上社区积极分子将花园一步一步建设起来的过程社区其他成员有目共睹，久而久之，社区花园会获得居民的理解和支持，并激发参与热情。

$Q_2$：不是每个人都喜欢园艺。开始社区花园实践时，社区居民整体参与积极性不高，尤其对于没有园艺经验的人。

$A_2$：功能多样化。希望更多的人参与到社区花园中，首先要理解每一个人的需求和能力都不一样，社区花园不仅仅定位成一片花草种植地，只欢迎园艺爱好者。社区花园首先是一个公共空间，需要承担庇护所、休憩、交流、儿童娱乐、养生等方面的功能，花园是社区空间中的一部分，而不能和本来的空间产生对抗。当功能多样化之后，社区花园会吸引不同需求的居民来到这里停留，同时作为被观赏的空间发挥其应有的价值。当然，因为在同一片空间中发生了交集，社区花园倡导的共建共享也影响着周边的居民，号召他们行动起来。

$Q_3$：植物容易被偷走。公共空间没有专门的人看守，时常发生植物被人拿走或者被破坏的情况。

$A_3$：引导指示很重要。社区花园需要通过标识系统传递出社区花园的公众参与性质，尤其是废弃物改造的低成本、低门槛的参与方式，呈现一种手作的温暖，会让不了解社区花园的居民逐渐意识到这片绿地的价值，进而将这片花园当作社区共有的财富。花园种植区边界可以有一个划定边界的围栏，利用二手材料，例如木枝条和麻绳搭建小栅栏，或者用啤酒瓶、小砖块等废弃物材料搭建边界。



$Q_4$：社区积极分子对自己的园艺技能不自信。很多社区积极分子即使参加过专业的培训，依旧对自己的园艺知识和社区花园运营能力感到不自信。

$A_4$：共同学习，一起进步。不要害怕承认自己的能力有欠缺，也不要害怕自己的知识不够丰富，社区中有很多经验丰富的居民，参与社区花园的过程就是一起学习、一起进步的过程。社区积极分子由两部分人组成，即园艺兴趣爱好者和社区热心居民，前者可以作为社区花园园丁来指导其他人，后者作为活动组织者，可以增强社区凝聚力，将社区花园的内涵变得丰富起来。对于这两部分积极分子来说，他们只需要比其他人多一点点的经验和知识就好。此外，也可以通过阅读书籍、参加工作坊培训来提升自己的技能。

$Q_5$：资金短缺。很多社区经费往往用于民生保障项目，开始一个社区花园建设项目可能会缺少经费支持。

$A_5$：多元化的渠道申请资金。提供几种方式来筹措资金，① 向街道申请景观改善和社区自治的经费；② 向共建单位和企业寻求资金的支持；③ 借助特有的分支项目向对口专业的基金会寻求资金支持；④ 通过居民自筹经费或者众

人 + 物 + 时间 + 资金关系图表

筹项目来获取资金。社区花园是人 + 物 + 时间 + 资金的组合产物。当前三个因素准备充足时，资金的多少不太会影响花园的营建，可以将社区花园营建拆分成多个环节，一步步实施，从购买种子、废弃物改造开始打造一个小小的社区花园。

$Q_6$：植物花期比较短，冬季景观不好。

$A_6$：在植物搭配的初期，考虑一定比例的常绿植物和在冬季可供观赏的植物，保证社区花园在冬季的景观性。社区花园不同于大量资金投入的城市绿地，也不同于为求简单养护而简单种植的社区绿地，在社区花园中需要接受植物群落自然的演变，如果十分注重景观效果，可以适当补植在冬季可供观赏的植物。

$Q_7$：使用花园时间产生冲突。在周末或者特定的时间，会出现社区花园需求量较大的时候，同类型或者不同类型的活动都希望发生在这个花园中。

$A_7$：在花园建成之初，需要大家都约定好空间使用规则并建立花园登记表，每个团体的需求和目的都不一样，将类似的需求整合在一起促进社区成员的沟通和交流，将不同的需求通过召开协商会议来协调。

# 2

# 社区花园——一个小型生态系统

第二章

# 社区花园——一个小型生态系统

社区花园虽然没有可以套用的标准公式，但是依然有一些需要了解的基本态度和设计原则，来指导我们在社区花园中的选择和判断。

**在我们萌生社区花园的想法时，可以先思考一些问题：**

- 建设社区花园的初衷是什么？
- 我的社区花园给社区和邻居带来什么？
- 我的社区花园是否为大自然的其他生物创造了更好的环境？
- 我是否考虑自然中能源的重复利用？

作为地球公民和社会公民，我们每一个行为都会对环境产生影响。我们与自然相互依存，需要保持敬畏之心，并牢记自己的职责与义务。一些基本的态度和原则能帮助我们更好地生活，进行责任上的引导。这也是一种被广泛认可的道德行为标准。

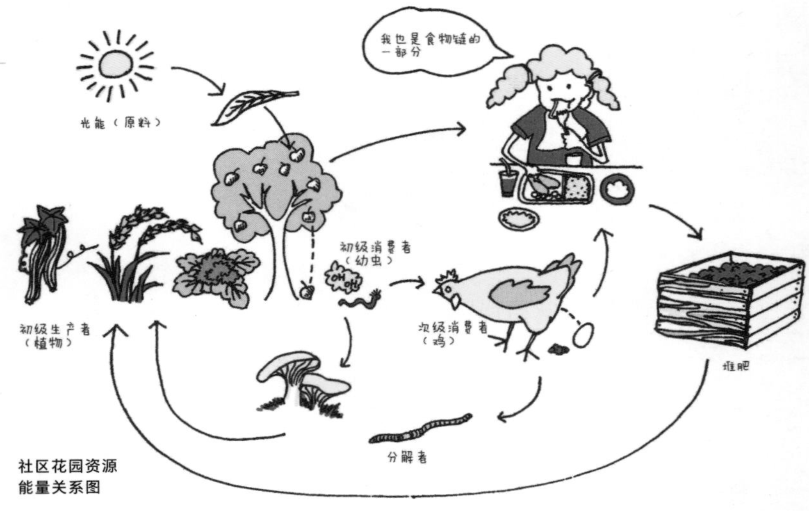


社区花园资源能量关系图

## 2.1 设计思考

（1）可参与性。

- **谁来参与：**社区是社会在某一空间上的浓缩呈现。与之关联的社区居民、社会工作者、政府、企业、学校等个体或群体，都可以成为其中的一分子。社区花园串联起这些相关主体，创造多方对话，优化合作关系，形成社区空间的可持续发展模式。

- **如何参与：** 社区花园是社区参与的实践场所，我们需要从关注效率的结果导向转向关注实践的过程导向，让公众参与社区花园从无到有的全过程。从任务提出、现状调研、目标拟定、方案设计、施工营建到后期管理与维护，社区花园一直保持开放的界面和氛围，随时欢迎居民和团体加入，增添更丰富多元的支持力量。

（2）环境友善。社区花园不使用农药和化肥，提倡通过科学效率的能量规划设计来实现资源和能源的可循环利用。恢复和保护土壤的健康，为动植物的栖息和生长提供稳定的环境，促进生态多样性，为人和自然建立安全可靠的联系。

（3）景观良好。建造一个尺度宜人、舒适美观的花园。植物种植种类丰富，整洁美观，生机勃勃；设施小品精致大方，营造轻松的生活氛围，并且能够体现当地的历史文化习俗。



## 2.2 设计原则

当你开始一项花园计划时，会遇到充满变化和未知的情况，场地现状千差万别。我们从社区、花园、资源等三个方面阐述了社区花园的基本态度和设计原则，希望能帮助你分析问题、厘清花园中各元素的关系，以及思考花园背后的价值。

| 分类 | 基本态度 | 设计原则 | 结果 |
| --- | --- | --- | --- |
| 社区 | 尊重每个人的价值和智慧 | 鼓励支持每一位居民的参与，为他们赋能 | 激发居民对公共环境参与的积极性和提高参与能力 |
| | 分享盈余 | 开放分享的场所氛围营造 | 促进社区内部在物质层面与精神层面的分享和互动 |
| | 发扬社区本土文化 | 文化资源的挖掘和展示 | 保留社区记忆，培育社区认同感 |
| | 提倡减少对环境造成负担的生活方式 | 在花园建设中对社区居民进行自然教育 | 居民意识到应承担的责任，并能影响更多的人 |
| 花园 | 向大自然学习 | 模仿大自然的生存规律 | 提高观赏性、生产力和适应力 |
| | 恢复土地健康 | 在无农药、化肥的前提下种植 | 加速环境复育 |
| | 保护植物多样性 | 建立层次丰富、物种丰富的植物群落 | 提升群落的稳定性，保持土壤肥力 |
| | 保护动物多样性 | 为动物提供食源、水源、庇护所等 | 促进完整的生态循环，提升生态系统的稳定性 |
| 资源 | 零废弃物 | 建立循环系统，减少废弃物的产生 | 从源头垃圾减量<br>减少对环境的压力 |
| | 收集并储存能源 | 将水、风、光照纳入设计的考虑中 | 建立一个具有持续性的回馈圈 |

# 3

# 设计之前的调研记录

## 第三章

# 设计之前的调研记录

面对复杂的社区环境，调研是至关重要的第一步，能让设计者了解真实的社区现状，并做出科学合理的设计，减少后期的维护成本，让花园真正成为社区的一部分。

前期调研
调 1.
研 2.
笔 3.
记 4.
使用者 诉求
文化 资金
地形
土壤
微气候
动植物
解读花园

本章节内容将以上海某个已建成社区花园（下文将以梅园为代号）的居住小区为案例，从其社会性质、场地特质以及能源利用等方面分别进行阐述，进行代入式分析。

该小区的基本资料如下：

| 位　置 | 建成年代 | 总面积 | 总户数 | 绿化率 |
|---|---|---|---|---|
| 上海市徐汇区 | 20 世纪 90 年代初 | 66 150m² | 1 573 户 | 35% |

要想建一个花园，首先要选择合适的场地，大部分分散式的小型花园可以按照居民自己的意愿选择在家门口或者需要改造的绿地内，如果是整个小区共同建造使用的集中式花园，就要考虑一下选址问题了。一般可以考虑以下几个地点：

- 位于小区中心区域，居民比较容易找到。
- 邻近社区活动中心，方便与建筑室内功能结合，便于开展社区活动。
- 丰富的场地空间条件，适合设置丰富功能，满足多样化的使用需求。

梅园选择在小区中心位置，紧靠居委活动室与小区主路，方便居民使用。场地现状是一处水泥地面，面积约 350 m²，视觉较为开阔且同时具备阳光区及半阴区。一墙之隔有块三角形小树林，面积约 235 m²，地面种满麦冬，杂草丛生，是一处无人使用的阴郁角落。现场讨论后大家共同认为可以拆除围墙，将两处区域打通联系在一起。于是，一处条件非常适合的花园选址就此完成：既有宽

梅园选址示意图（★为梅园项目位置）

敞的空间，也有林下的区域，可以设置丰富的活动内容，并且很好地利用了原本荒废的角落。

## 3.1 认识社区

首先，我们应该对自己的社区有总体的了解，包括小区的人口构成、居民的诉求等，这些信息可以告诉我们要建造一个什么类型的社区花园。社区的文化背景、建造花园的资金数额以及来源决定了我们花园的风格及精致程度。详细内容参见附录。

### 3.1.1 了解使用者的构成

我们选择一个场地作为社区花园的营造点，首先要了解谁来使用这个花园，并根据人口构成大致推断出各类人群的使用频率。老人和小孩各占的比例是多少，有无特殊人群需要被特别照顾等。这些数据可以通过询问社区居委会以及实地问卷访谈，整合得出结论。

本案中社区调研结果如下：

| 总户数 | 60 岁以上老年人 | 少年儿童 | 坐轮椅的人 | 盲人 |
| --- | --- | --- | --- | --- |
| 1 573 户 | 1 182 人 | 学龄前 210 人，小学至初中 110 人 | 20 余人 | 全盲 7 人，一级视力残疾 10 余人 |

根据以上数据，社区花园需要考虑老年人与小朋友的活动需求，例如设置儿童游乐设施、无障碍设施等，同时还应当包括对特殊人群的照顾。

### 3.1.2 倾听使用者的诉求

确定了使用的人群以后，就要通过访谈或者引导性问卷调查来了解居民的需求。大家想要一个怎样的社区花园，是偏园艺种植，还是游赏活动；是喜欢种花还是可以食用的植物；是儿童游戏场还是自然科普教育基地……可以提前准备几个选择项供参考。此外，还可以举办社区花园意见征集、小小景观师等活动，让大家描绘心目中的小花园。使用者最有发言权。

**不同风格的花园清单**

（1）观赏性花园

- 四季有景可赏。
- 丰富的色彩和花香。
- 配置篱笆及小路。
- 规则式或自然式种植。
- 树、灌木、花草搭配种植。



（2）可食花园

- 种植一定比例的蔬菜瓜果。
- 规则式行列种植或混合种植。
- 果树、浆果灌木、蔬菜等。
- 按照季节变换的节奏进行耕种。

（3）疗愈花园

- 通过植物带来的视觉、触觉、听觉、嗅觉等对人的身心进行疗愈。
- 可选择芳香类植物、触感特殊的植物。
- 提供高度合适的无障碍种植箱，使用者坐轮椅时亦可轻松种植。
- 着重考虑无障碍设计细节，如盲道、盲人标识、无障碍坡道、足够的坐凳等。

（4）容器花园

- 利用花盆、种植箱等容器种植植物。
- 高低错落摆放。
- 可种植观赏类或可食用类的品种。
- 需精心照料。

（5）香草花园

- 以香草种植为主。
- 多年生及一年生混合种植。
- 搭配可爱装饰小品。

观赏性花园

可食花园

疗愈花园

容器花园

香草花园



通过对梅园的调研，我们了解到老年人普遍对户外栽花养草感兴趣，并希望多设置户外晒太阳、聊天交流的场所，还建议为盲人与行动不便的老人设置较便利的花园游赏系统，包括盲道、无障碍通道、疗愈花草等；家长普遍认为大都市的小朋友有亲近自然的需求，希望有个具有乡野特色的户外花园，让小孩子接触不同动植物、接触土地、自由玩耍。

在前期的调研中，我们了解到本小区有很多各年龄段的小朋友，希望从小朋友的角度设计花园，社区的小朋友们成为首批的设计师。

联合居委在社区里贴布告，征求“小小景观设计师”，我们有专业的设计师来辅导小朋友设计。第一次来了 40 多位小朋友，小朋友们各抒己见，各自表达自己的意愿：玩沙、秋千、曲折的小径，有的想要种苹果树……并将这些可爱的想法一一绘在纸上。当我们融合了小朋友的喜好和需求，做出方案来征求社区居民意见时，没想到大家一致认为这个方案太棒了。有很多大人完全没有考虑到的元素，完善了花园的内容。

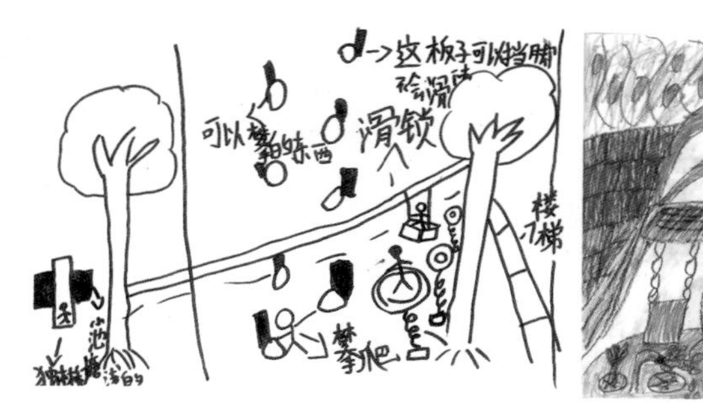


小小景观师活动作品

### 3.1.3　了解社区文化

社区文化是社区特有气质的体现，可以通过小区的建成年代、人文历史、居民活动等各方面来了解。

梅园所属的小区建于 20 世纪 90 年代初，小区虽老旧，居民却在实践环保理念上走在前沿。主管街道曾推行了一系列“零废弃物”“立体空间种植”等生态环保活动，参与者多为社区家庭主妇，气氛比较好，并且一直在寻求更多的生态友好生活方式。

在征求社区花园意见时，居民纷纷表示可以融入一些生态理念，例如堆肥、低碳生活等内容。

调研问卷表

| 序号 | 姓名 | 楼栋号-层数 | 联系方式 | 年龄段 | 备注（身体情况 时间情况） | 社区志愿者 | | | | | | | 闲置物品 |
|---|---|---|---|---|---|---|---|---|---|---|---|---|---|
| | | | | | | A 园艺组 | B 机械组水工维修 | C 手工组编织手作 | D 绘画组 | E 文艺组音乐舞蹈 | F 宣传组摄影文字 | G 其他工艺 | 沙发-桌椅-书籍工具-苗木等 |
| 1 | | | | | | | | | | | | | |
| 2 | | | | | | | | | | | | | |
| 3 | | | | | | | | | | | | | |
| 4 | | | | | | | | | | | | | |
| 5 | | | | | | | | | | | | | |

## 3.2 认识场地

认识社区之外，另一个重要的工作就是调研花园所在场地的各类基本信息，方便后期对症改造设计，包括场地地形、土壤、微气候（水、光、风）及场地内的动植物等情况，并记录反映在图纸上。

### 3.2.1 地形

地形对微气候、排水模式、土壤性质都会产生影响。首先观察场地内部，如高低起伏的土坡、台地、花坛等都需要详细记录；其次是记录场地周边的地形环境元素，包括建筑、重要树木位置、坡度走向等。一般来说，要尽量尊重原始地形，但局部亦可调整，例如，填平一个小洼地防止积水。

Tips

**上海地区，可通过在种植区塑造微地形来保持排水的畅通，如不耐涝的植物可以抬高或起垄种植。**

花园场地排水至关重要。铺地尽量使用可透水材质，并且保持种植区土壤较好的透水性，以便迅速排掉雨水。如果现场观察到排水不畅，需要考虑利用地形把水流导向雨水井。常用的透水材质有：石子、树皮、木屑、透水砖、透水混凝土。

梅园场地内部有四个雨水排水口。清理完排水道杂物，替换掉老化的雨水篦子，确认排水正常后，就可以放心营建社区花园了。这个过程中一定要保证排水点的地势最低，雨水流动毫无障碍。

Tips

**平坦的花园里通过增加一些种植设施或者挡土墙，可以使空间富有层次，但切忌在入口处设置过高的地形，这会遮挡视线以及妨碍使用。**

### 3.2.2 土壤

土壤的健康程度决定了植物的生长状态。健康的土壤可以自动保持适量的水分，排出过量的部分。种植植物之前，我们要学会如何培育及照顾土壤。

（1）我们的设计目标

进行基地的土壤分析，辨识并修复受损土壤。

基本的土壤调查是必要的，如了解清楚土壤的酸碱度、排水能力和已经生长的植被类型。然后根据土地利用的规模来决定我们种植的物种和需要采取的土壤改良方法。

（2）简单分析你的土壤

① 观察土壤是否板结

土壤会因为长期踩踏或是使用了不当的园艺方法而结块，无法通气，不容易翻动，这种土质上的植物长势普遍不好。

② 确定土壤的 pH 值

用试纸对土壤 pH 值进行检测，测定土壤酸碱性。

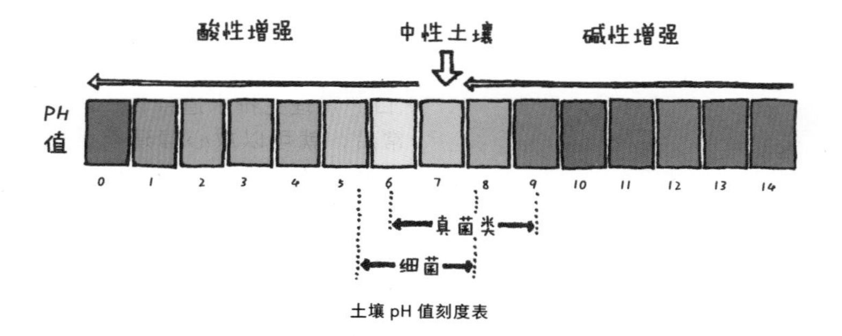


土壤 pH 值刻度表

| 不同植物的酸碱耐受度 | | |
|---|---|---|
| 酸性<br>（pH 值 =4.0~6.0） | 微酸性<br>（pH 值 =6.0~7.0） | 中性至碱性<br>（pH 值 =7.0~7.5） |
| 蓝莓、黑莓、覆盆子、茶、茴香、地瓜、西瓜、金盏菊、土豆、花生、板栗 | 草莓、番茄、豆类、茄子、葡萄、南瓜、樱桃、苹果、桃子 | 十字花科，如甘蓝、花菜等，紫花苜蓿、甜菜、胡萝卜、黄瓜、芹菜、莴苣、洋葱、菠菜 |

③ 分析土壤类型

土壤分层检测的方法：在地块中取 5~10 个不同土样，充分混合，适量（约占矿泉水瓶 1/3 容量）装入空矿泉水瓶，放入清水至瓶子的七八分满，充分摇晃，静置 6~8 小时后即可观察得出以下结论。

**土壤分层分析图**

用水溶法能够判断出场地土壤是黏土、壤土还是砂土，壤土适合于大多数植物，砂土通常有机质含量较低，但透气性好，可以通过增加有机质改良；黏土容易积水导致植物烂根，可通过局部增加沙砾等措施增加通气、透水性能。

## 改善土壤的措施：

① 提高土壤中的有机质水平

可通过厚土栽培、绿肥作物、天然肥料来改变土壤环境。厚土栽培方式详见（5.2.3）。

籽播种植绿肥植物，成熟后沤到土里当作肥料，简单又生态。常见的绿肥品种有油菜、苜蓿、紫云英、康复力等。

② 覆盖

土壤覆盖物能够掩盖土壤并隔绝极端的酷热及严寒，调节夏天和冬天的地温；也能使土壤保持潮湿，抑制杂草生长。常见的覆盖物有干草、腐熟的碎木屑、果壳、稻草等，在分解时会逐渐把有机质分解到土壤中，发挥养分贮藏的功能。

③ 适地适种

种植时尽量选择适合本地气候及土壤的植物品种，尤其是本土物种。

上海常见的乡土植物有：艾、薄荷、马兰、络石、野蔷薇、冬青、香樟、乌桕、枫香、榉、朴等。



**案例解析**

梅园中主要场地原为硬质铺地，不适合种植。因此花园营建时决定局部钻开表层水泥地，露出土壤种植层，并将场地内修剪下来的植物枝条、树叶等沃到土壤里，增加有机质含量，改良土壤。围墙外小树林土质较好，但是靠近马路一侧区域常被踩踏，造成板结，需要翻土改良，并增加有机质含量。

### 3.2.3 微气候

相比于某地域的一般气候统计，我们更应该关注由水、光照、风、植被和其他因素构成的场地独特的微气候。

（1）水源

- 灌溉水来源。社区花园中的灌溉只能依靠自来水吗？不是！比如雨水收集系统，更环保也更有趣。简单地直接用容器收集会滋生蚊虫，比较科学有效的方法是利用建筑上的落水管，将雨水收集到密闭的大塑料桶里，并且安装上水龙头阀门方便使用。用来灌溉的水龙头需要放置在种植区容易接触到的地方，以便居民使用。

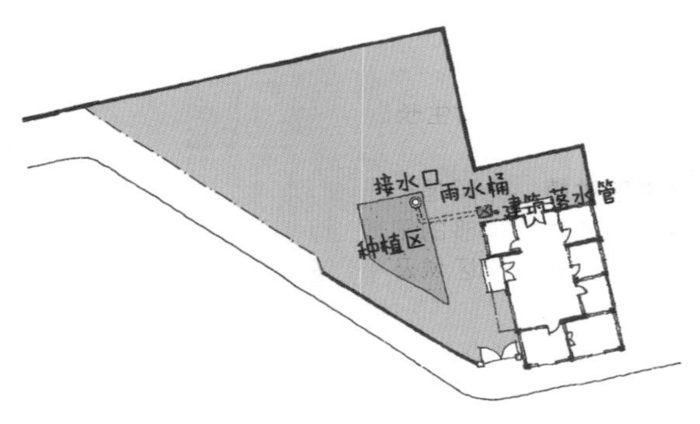


接水点示意图



- 减少灌溉。依靠自然降水，减少甚至完全取消人工的浇灌是可行的。首先，需要谨慎地选择适合本地生长的植物品种。其次采用节水的方法进行种植，为了避免经常浇水，可铺上厚厚的覆盖层来防止水分蒸发，丰富的植物群落可以创造良好的微气候，维持周围湿度，减少对水的需求。
- 水景的营造。生态水塘对塑造微气候有很大作用。水塘里的水生植物会吸引动物来这里栖息，形成丰富的生态系统，并且还能够小范围增加空气湿度。

**案例解析**

梅园花园一侧有一幢功能为居民活动室的小型建筑，其落水管靠近花园活动区与种植区，正好适合做雨水收集。增加的水生花园设于半阴影区域，种植喜湿植物及水生植物，为小鱼、青蛙等小动物提供了栖息环境，花园的生物多样性和趣味性均有所增加。

Tips

为方便管理，可以引入太阳能自动浇灌系统，节省人力。

（2）光照

光照条件决定了植物生长以及活动空间的位置选择。

- **光照影响种植。**光照是一个社区花园重要的生机来源，大部分植物生长需要足够的阳光。前期已经介绍过花园选址最好包括大部分的阳光区域及小部分的半阴区域，由此可种植不同的植物。

阳光充足的花园区域在让人感到惬意的同时也会带来一些不便。充足的光照会带走土壤中的大量水分，因此适合喜阳耐旱植物生长。同时，适当种植树木和灌木来营造树荫可增加空气湿度，创造宜人的微气候。

树荫遮蔽也可以当作优势而不是劣势。阳光照不到的角落可以存放工具或放置堆肥桶；树荫下种植耐阴又有色彩的植物，让阳光变得更加柔和，更加舒适。

观察场地中各个地块的日照条件，记录阳光持续时间，并注意不同季节的差异。

- 光照决定活动。光照条件对人的行为亦有影响。老年人在冬季喜欢坐在凳子上晒太阳，但在夏季大面积暴晒区域也需要遮阳设施，或者在树荫下开展活动。

Tips

晴天无风的情况下，一棵大树阴影下的温度比阳光直晒区温度低许多。

**案例解析**

梅园中原围墙东侧几乎是全光照区，适合作为社区花园的主要种植区，特别适合种植各类喜阳植物；但作为活动区域，则需要在夏季提供树荫或遮阳设施。西侧林下空间是半阴环境，树木高大，适合作为儿童活动区。

林下种植耐阴的多年生植物，地被可以用播种的方式种植马蹄金、二月兰等品种，花草可以选择耐阴的玉簪、千叶兰、矾根、常春藤等。

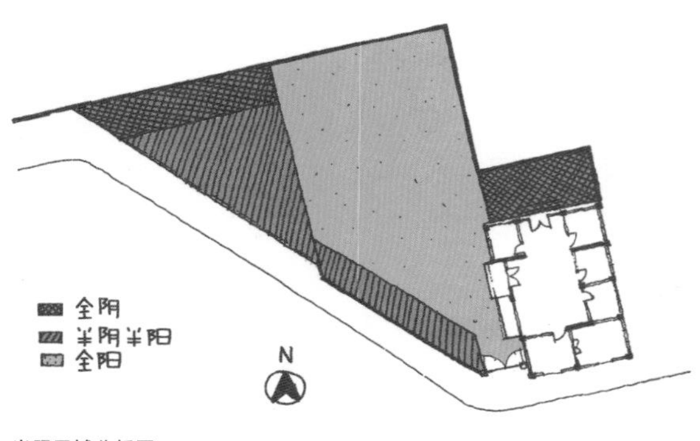


光照区域分析图

（3）风向

上海地区冬季盛行西北风，夏季盛行东南风。此外，社区花园还要考虑场地四周的微气候，包括建筑行列对风向的影响等。现场可用风向仪来测定风向，也可以直接咨询熟悉场地的社区居民，冬季是否有很强的冷风以及夏季通风是否通畅。

- 通风不畅的情况：场地气流循环不好，植物生长受到影响，人使用起来也不舒服。可通过修剪挡风方位高大的植物，或者围墙改成半通透式的围栏等进行改善。
- 风力太强的情况：在上风向做防风林或者遮挡设施缓解，保证活动场地的舒适性。

**案例解析**

中间围墙打破以后，冬季冷风从西北方向刮向场地，如果没有缓冲阻挡将不利于花草生长及人类活动。因此，建议在西北方向增加 1.5 m 高的绿篱，减缓冬季冷风侵扰，且不会阻隔视线。

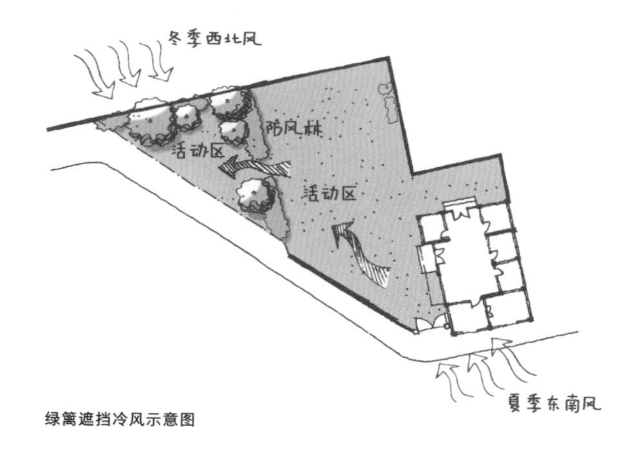


绿篱遮挡冷风示意图

**Tips**

防风林由大中小植物组成群体，可以提高挡风的效果。

## 3.2.4 动植物

记录场地中的植物种类、健康状况，后期根据设计决定是否保留。

动物也是花园中的重要组成部分，花园中挤满了我们肉眼看不见的小昆虫，它们对于土壤和植物的健康而言是不可或缺的。

（1）保留植物

尽量保留场地现有的大乔木、长势较好的花草灌木等植株，它们已经适应了本地环境。如果位置不合适也可以考虑移栽其他位置。叶子浓密或常绿的树可以种在建筑西北侧，遮阴挡风；叶子稀疏或落叶树种建议种植在南侧，夏天遮阴，冬天又不会挡住太阳。



**案例分析**

梅园中围墙内的植物主要是围绕广场空地一圈的乔灌木，乔木有石榴、紫叶李、女贞等，并未遮挡阳光或者妨碍通行，除个别外形扭曲的以外，大部分可以保留。

墙外三角形区域有很多大乔木，林下空间植被较为杂乱，人很难进入。后续可以考虑将杂乱的灌木层清理，铺设游园道路，并补种低矮地被。

后期种植可多选择能够吸引昆虫传粉的植物品种，以保证花园生态系统的稳定。

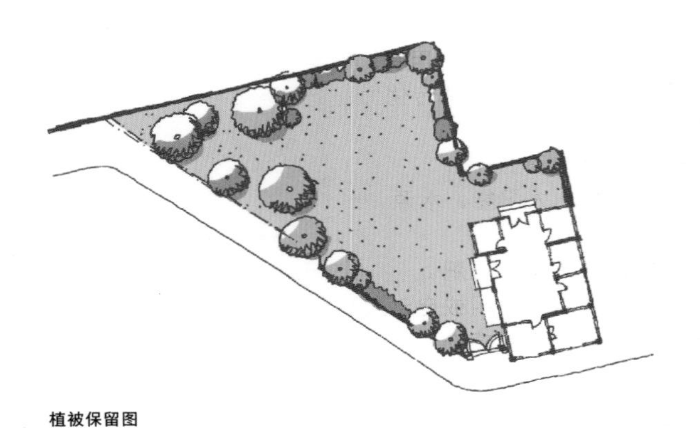

植被保留图

（2）关于宠物粪便

小区里的宠物粪便令人头疼。可以考虑设置专门的宠物“厕所”，利用蚯蚓塔收集狗狗大便进行堆肥处理，变废为宝，为社区花园的土壤改良做出贡献。

宠物厕所

狗厕所及狗大便蚯蚓塔照片



## 3.3 识别资源

在不同季节去场地及周边走走看看，仔细观察以发掘更多信息，确定场地的各种可利用资源及制约条件。通过合理安排和善用资源，将一些局限因素转化为场地的有利条件。

（1）场地内资源

包括风能、太阳能、水源、木材、垃圾、废旧建材和家具等。

- 枯枝落叶收集：堆肥。
- 太阳能利用：照明或自动浇水。
- 雨水收集：浇灌植物。
- 二手废弃物：改造成小品设施。

（2）场地外资源

观察周边有没有菜市场、园林废弃物处理站点等。废菜叶是生态堆肥的绝佳原料，树枝、树干等打碎、修剪后可用于土壤覆盖或者场地铺地。

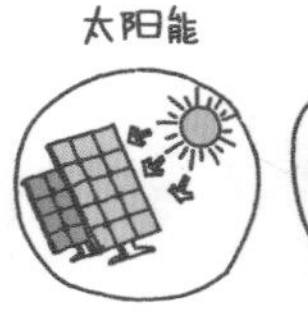

**资源列表图**



## 3.4 现状记录方法

建议将现场调研得到的大量有用信息，包括对场地空间的直观感受等，随时标注在纸上，这有利于思考分析和后期讨论。

**Step 1　工具准备：**铅笔、皮尺、钢卷尺、白纸、橡皮、手机（照相功能、指北针）。

**Step 2　底图准备：**对于花园的设计，最便捷的就是测量花园并在纸上以合适的比例尺精确地记录尺寸。根据花园的大小，将实际上的 1 m 与纸上的 1 cm 相对应（1：100）或者与 2 cm 相对应（1：50），同时也要测量转角角度，以确保图纸精确。

- 初步底图内容：有社区花园及周边地形、周边道路、周边建筑环境。
  获得方式：参考小区内部平面图宣传框，或者从地图网站（如谷歌、百度地图）上截取。
- 详细底图内容：花园外轮廓具体尺寸、花园现有资源的内容、位置和高差（如保留的大乔木、道路、设施）。

获得方式：动手测量，用皮尺测量每个数据的长度，补充在图纸上（用手机指北针确定好南北向，方便做日照分析）。

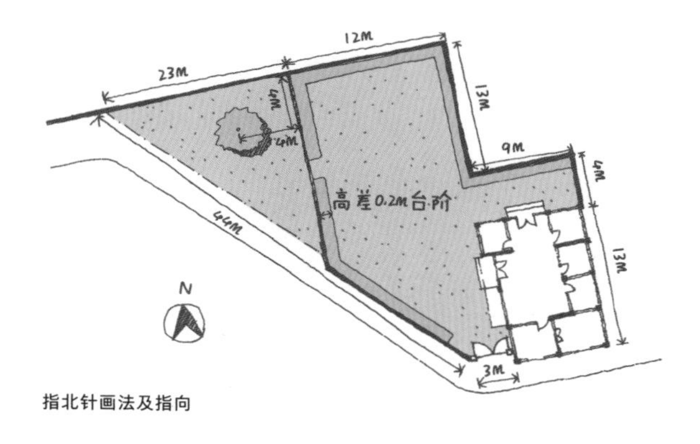


指北针画法及指向



### Step 3　观察并记录：

- 花园的微环境：光照区、风向、水源点；
- 评估无须改变的部分：尽可能少地改变现有布局；
- 誊写初步结论：选好花园出入口、种植区域范围、设备堆放点。

在社区走访时，随时记录下观察所感，并做精确记录保存，如随身携带一个笔记本或者相机、录音机等，也可以随时画点小插图，记录笔记会帮助你形成最后的设计。

## 3.5　分析结论

总结调研信息并汇总分析，确定社区花园的主要内容和功能，如儿童场地、休憩设施、雨水收集等项目，叠加标注到图纸上，形成初步的设计草稿。

4

# 社区花园设计

# 第四章
# 社区花园设计

好的设计是基于现状给出合理的解决方案，好的设计也能跟随时间的发展不断适应使用，每个人都是设计师，勇敢地画出你心中理想的花园吧。

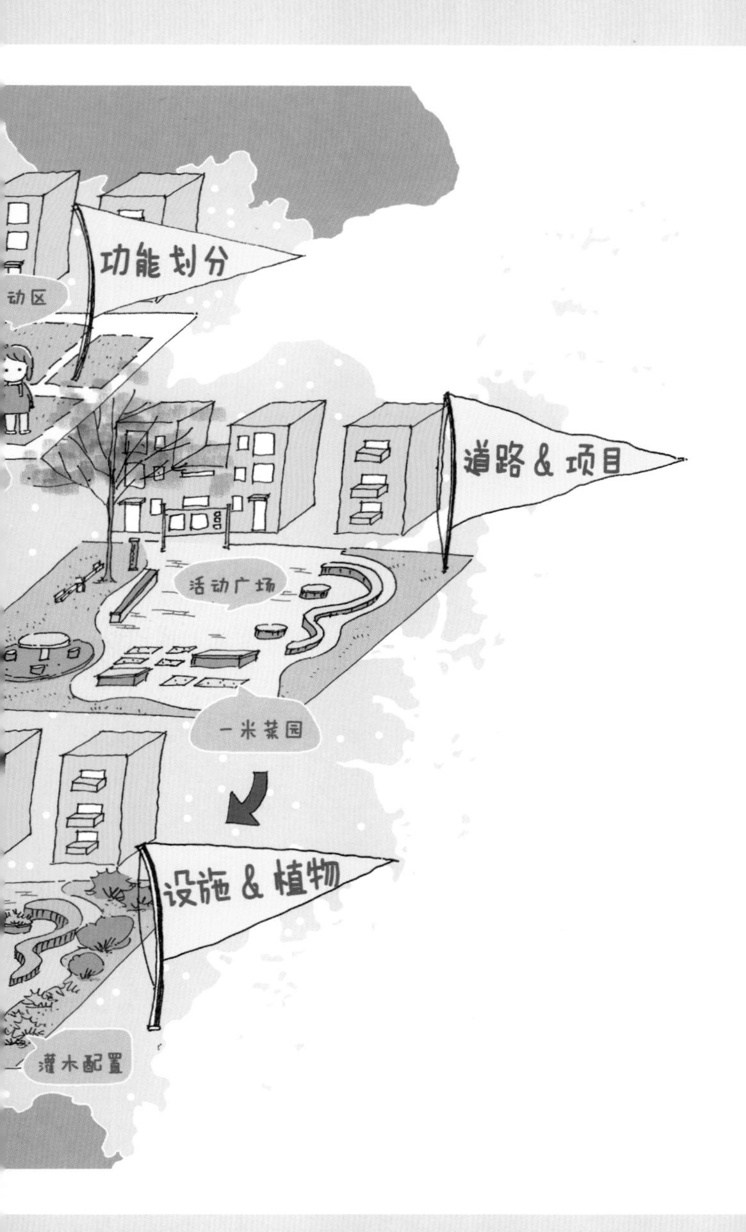
功能划分
动区
道路＆项目
活动广场
一米菜园
设施＆植物
灌木配置

经过前面章节的分析，已经有了大致完整的想法思路。接下来再进一步完善细节，合理分布落实各功能区块和环境要素。先确定功能区，然后画出主要道路，再进行详细的项目布点，添加座椅等设施，最后再确定种什么植物。

## 4.1 花园功能划分

通过前期的调研，我们对整个场地已经有了比较深入的了解，现在可以开始着手进行花园的设计啦。首先需要的是一张详细的功能分区图。把所有设想的功能在图纸上圈出大概的范围，并标注好名称。功能区块应该尽可能详细周到，以保证花园拥有完善的体系。



**案例分析**

通过前面的居民走访调研及现场查看，可基本确定有种植区、休息活动区、儿童活动区、设备放置区等。儿童区需要大乔木遮阴，因此选在树林下；设备区选在建筑后面比较难利用的角落里，充分利用边角空间；种植区与活动区是两个主要的活动空间，放在花园中心区域，方便居民使用。

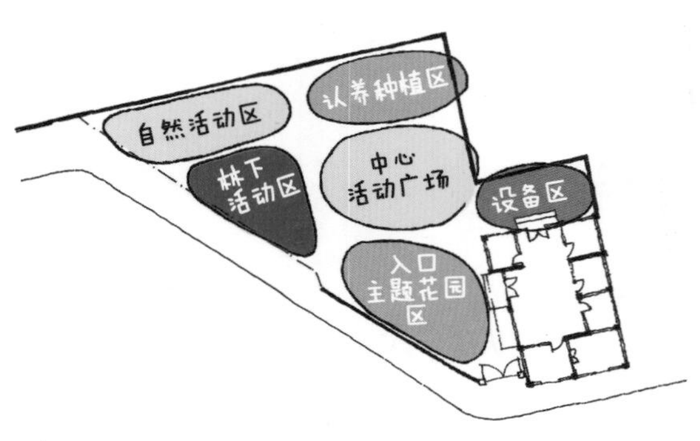


功能区块划分泡泡图

## 4.2 花园道路确定

画好了功能泡泡图，下一步就是画出花园的骨架，也就是花园的道路系统。一般主路连接各个出入口，若只有一个出入口，则可考虑环形的路线。主要园路需要贯穿花园的所有重要功能区域及观赏点，之后再将次要支路或小径延伸到花园的各个角落。

为了方便两人面对面通过，主要园路宽度一般为 1.2~1.8 m；小支路可以窄一些，宽度为 0.6~0.8 m。

那些人经常走动的部分需要坚固的小道，可采用坚硬的材质建造，这样不会弄脏鞋面，也可以避免小道在恶劣的天气下受损。而人较少到达的地方，小道则不用建造得特别坚固耐用，可选用树皮等铺设。



**案例分析**

梅园中场地沿主干道共设置主次两个出入口，在园内串联起一条比较流畅的游赏主园路。主路上分出多条路径通向不同的观赏点，同时也可以再绕回主路线。形式上可以是直接的道路铺过去，也可以用硬地空间连接。

0.8 m 宽碎石小路

活动空间道路

 **Tips:**

注意花园中最好不要有断头路，尽量绕成环线，以免造成不便。

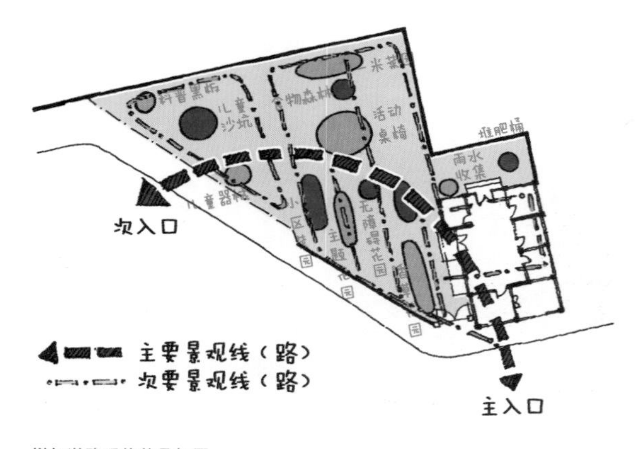


增加道路系统的叠加图

## 4.3 重要项目点布局

功能区块及道路骨架确定好之后，我们需要进一步落实更细节的设计内容。比如，将种植区划分为可食植物、花草、浆果等不同品种地块，确定种植箱的尺寸和布局方式，在儿童区设置沙坑等内容。图纸上所表达内容须按照真实比例尺度，轮廓清晰准确。形状上可顺应场地原有的形状变换。

**案例分析**

梅园中种植区划分为众多不同主题的种植箱单元。正对大门口的昆虫花园里，包括芬芳的香草园，采用石钵构造、里面还有鱼儿游动的水生植物园，喜干旱的岩石花园，芳香的玫瑰花园、药草园等特色主题，呈现出生机勃勃的效果，是整个花园的颜值担当。

居民能够参与种植的一米菜园与食物森林区靠近里侧一些，活动的时候对场地的影响较小；无障碍花园与盲人花园紧靠主通道，方便接触；儿童游戏区设在场地松软的林下空间，可以尽情嬉戏，且不会被太阳暴晒。

主入口处的昆虫花园区

靠近里侧的一米菜园及迷你果园

靠近主路的盲人花园

入口处的无障碍花园

树下儿童游戏区

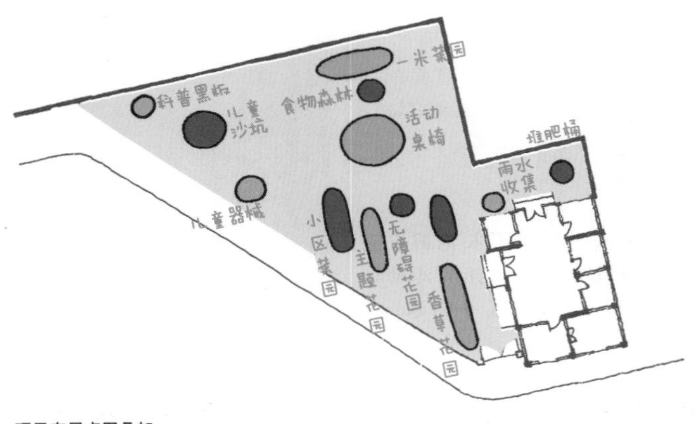


项目布局点图叠加



## 4.4 增加设施

仔细推敲，妥善安排所有必不可少的景观和活动设施。

休憩座椅：按照使用者密度，有需求的地方可多设置一些。

健身及游乐设施：尽量选择安全、噪声小、低维护的设计产品。

照明设施：根据夜间使用花园的频率来确定。如果距离居民楼很近，不建议用高杆灯，会扰乱底层居民休息。建议设置部分太阳能草坪灯或地灯。

标识系统：大门口可以悬挂花园的名字、建设过程以及平面图纸等信息牌，可以利用二手的废弃材料，并考虑其室外的耐久性。花园内部每个分区和设施的使用说明也可以制作解说牌一一对应，让社区的其他伙伴也能了解花园的方方面面，还可以用于社区花园的科普教育。

景观摆件：精心挑选一些特色园艺摆件，为花园增加温馨的氛围。发动居民，将家里的闲置陶瓷摆件、用废旧的鞋子种植的“盆景”，以及一些精美的园艺杂货带来装点。还可以组织儿童活动，将护栏涂上喜欢的颜色，扎一个可爱的稻草人，等等。



**案例设计**

- 从主入口途经盲人花园直到休息区铺设盲道。
- 广场设置长桌，开展活动时使用。
- 儿童活动区设置平衡木、沙坑等游乐设施，好玩又不会很吵闹。
- 结合儿童沙坑的边缘与种植区边界，在花园中散置多个坐凳，方便休息。
- 墙面科普小黑板，记录花园的维护过程，发布活动预告。
- 设备区放置堆肥箱、雨水收集桶及部分物料，不影响美观又利用了闲置空间。
- 夜间照明采用低矮草坪灯，设定好时间自动亮熄，不打扰周边居民休息。

## 4.5 植物设计

植物品种越丰富，观赏性及科普性会越强。此外，还需要考虑在不同季节的观赏效果，应季有不同的收获。这大概是社区花园中最吸引人的部分了。

① 主题划分

可根据居民喜好划分不同的主题种植区块，例如，可食植物区、观赏花草区、药用植物区、果树区，等等。

② 品种搭配

如今城市中的植物品种，在社区花园中可以增加一些具有经济效益的植物，例如果树、浆果类灌木、蔬菜瓜果，以及一些常见草药等。

为了保证各个季节的观赏性，花园中常绿品种应该占 40% 以上，其他可随季节替换。



参照植物化感共生的原则来搭配植物品种。万寿菊、旱金莲等香气浓烈的菊科类及香草类植物有驱虫效果，可以在蔬菜种植区间间隔种植一些。某些植物一起搭配种植可以生长得更好，如番茄跟罗勒种在一起会让番茄更甜，此外还有茄子、辣椒、旱金莲一起搭配，等等。

③ 外观搭配

种植外观形式上，可以模仿自然生长的群落，也可以选择规则行列的方式来安排。一个自然式植物组团里，会有多于一棵的骨架品

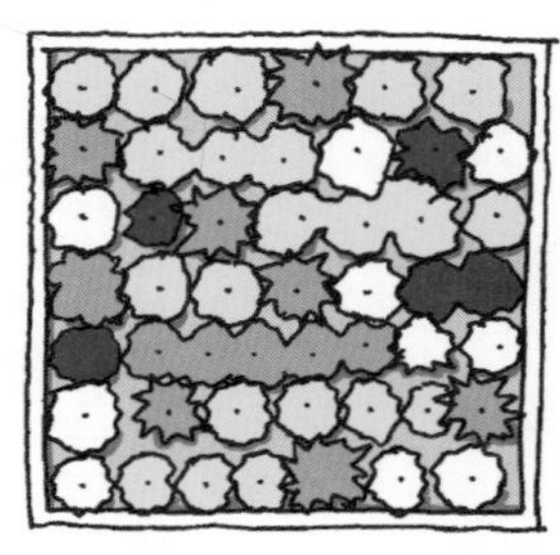

规则式排列

自然式排列

种，比如中等高度的浆果灌木、花灌木等。在四周布置稍微低一些的花草，以组团形式种植；组团与组团之间可点缀单棵好看的植物。

案例中入口区为多个主题园组成的“昆虫花园”观赏种植区，多选择能吸引蜜蜂、蝴蝶等昆虫的植物，如薰衣草、鼠尾草、马鞭草、松果菊等。又可细分成香草花园、水生花园、岩石花园、草药园等。

每个主题的种植箱都被安置在最适合的区域：比如靠近入口需要亮点，因此设计了常绿花灌木组合，植物四季不败；无障碍种植箱位于容易到达的主园路边，高度抬高到适合老年人站立观赏和操作的尺度；盲人花园选择触感比较奇特以及有香味的植物品种，可以通过触感及味道来感受。



（1）香草花园

选用芳香类植物混合搭配，包括常见的迷迭香、薰衣草、薄荷、罗勒、百里香、艾草、香茅、天竺葵、紫苏等；此外还有一些菊科的芳香品种，如万寿菊、芳香万寿菊、黄金菊、地被菊等。

香草花园平面范例

香草花园效果图

（2）盲人花园

选择比较有特点的品种，可产生特殊的触觉、听觉及嗅觉的植物，比如摸起来像毛茸茸兔耳朵的棉毛水苏、像鸟巢一样的千叶兰、肉肉的碰碰香等。

1. 常春藤
2. 垂盆草
3. 栀子
4. 细叶雪茄花
5. 细叶芒
6. 薰衣草
7. 千叶兰
8. 棉毛水苏
9. 红花酢浆草
10. 碰碰香
11. 盲人标志牌

盲人花园平面范例

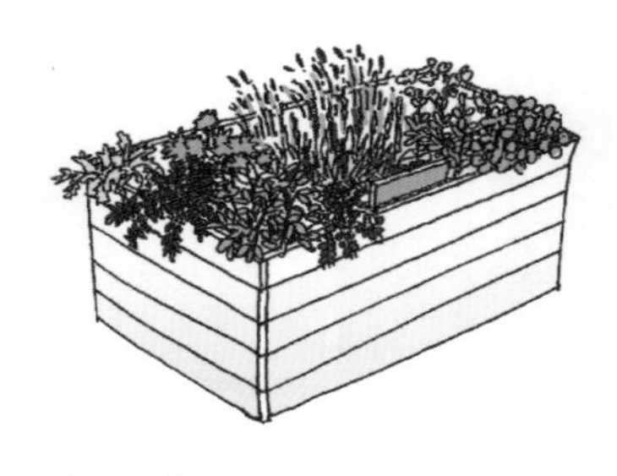

盲人花园效果图

（3）水生花园

结合水景营造水景花园，选择喜湿的水生植物或水缘植物，如：木贼、旱伞草、蕨类、菖蒲等。



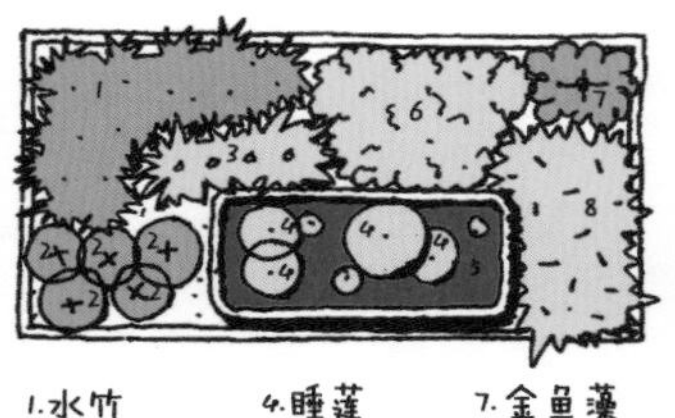

1. 水竹
2. 玉簪
3. 蕨类
4. 睡莲
5. 水钵
6. 千屈菜
7. 金鱼藻
8. 鸢尾

水生花园平面范例

水生花园效果图

（4）岩石花园

用石块及各类卵石搭建出花园基底，然后点缀种植耐干旱贫瘠的岩生植物，营造出具有禅意的种植区域，常用品种有：花叶燕麦草、海石竹、南庭芥、荆芥、虎耳草、多肉等。

（5）可食花园

社区花园中可以着重选择一些观赏性比较强的可食品种，同时搭配不同种类的香草混合种植，提升颜值的同时也起到互利共生的作用。

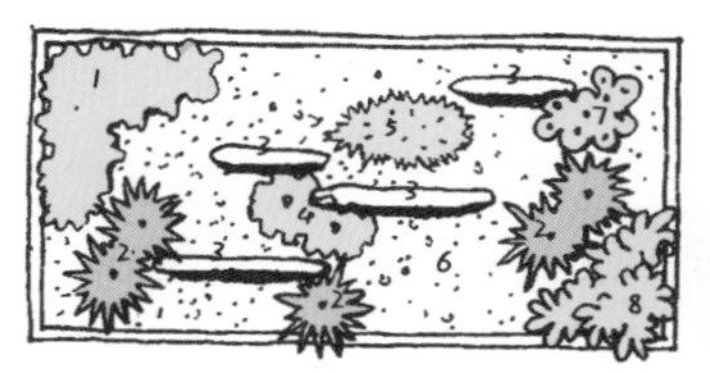

1.活血丹　　4.海石竹　　7.虎耳草
2.蓝羊茅　　5.庭菖蒲　　8.佛甲草
3.片状石材　　6.机制黄石子

岩石花园平面范例

岩石花园效果图

可食花园平面范例

可食花园效果图

观赏蔬菜品种选择：樱桃番茄、水果黄瓜、红花菜豆、茄子、红辣椒、恐龙甘蓝、紫甘蓝、各类生菜、巨型南瓜、飞碟瓜等。

昆虫花园

水生花园

岩生花园

香草花园

# 5

# 社区花园营建

启动仪式
营建发布
方案讲解
动员大会
任务拆分
社区
花园
资源
改良土壤的办法——堆肥
几种朴门元素的营建
土壤
种植池
EM
种植原则
操作办法——
播种与移苗
道路
种植
小品
室外家
标识系
其

# 第五章
# 社区花园营建

社区花园不是脑海中的空中阁楼，在设计之后，就是将它落地的过程。这个过程往往简单而又复杂，涉及社区中的人、事、物，需要掌握一定的步骤与方法。准备好了吗？

建造一个美丽的社区花园，离不开居民的热情支持和积极参与。在此过程中，大家能够亲身体验到如何善用自然社会资源，提升环境生态质量，并为后期的轻松维护打下基础。

开始之前，确保你的社区花园计划满足以下条件：

- **启动资金**

充足的资金能够保证花园的功能设施完备。利用二手物料或废弃物来布置花园是节省经费的好办法，效果很棒，还可以增加社区凝聚力。如果资金实在不足，可以拟定中长期计划，边实践边积累经验，在行动中逐步寻找支持。

- **花园设计图纸**

一份表达准确清晰的设计图纸，有助于让你和伙伴们理清思路，做好行动准备。这份图纸不用像专业工程施工图那样精准严密，但至少应当保证尺度准确、内容齐全，必要时还包括一些重要景观元素的细部做法，表现方式灵活多样。

梅园平面图

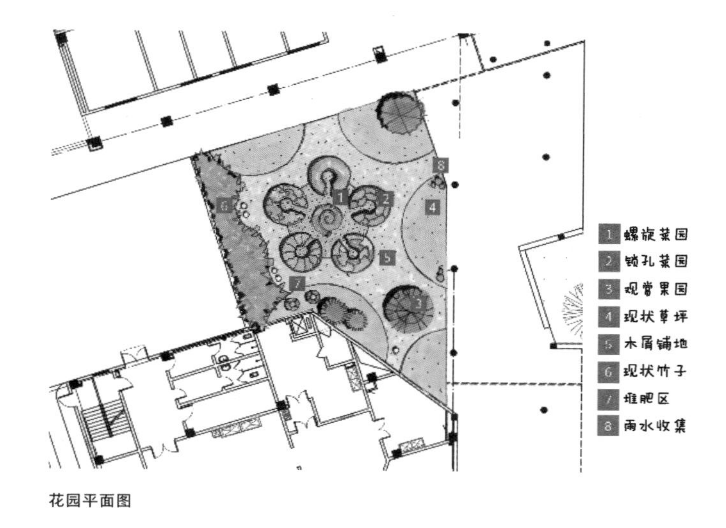


花园平面图



● **团队组建**

几名稳固、志同道合的伙伴是你行动的坚实后盾。你需要他们一起帮助策划方案、组织活动、在社区中招募更多的伙伴。一开始可能只有两到三位，没关系，先开动起来，队伍会慢慢壮大的。

接下来，我们将从**发动社区**、**营建花园**和**利用资源**三个方面展开，讲述一个普通社区花园的营建过程。

你可以跟随下述过程开始你的工作或找到一些参考点，但因为每个人的社区花园设计不同，所以你可以根据自己的方案灵活调整。

# 5.1 发动社区

## 5.1.1 启动仪式

准备工作都做好了，来举办一个启动仪式，向大家宣布社区花园就要开始启动啦。

（1）做海报

用彩色笔手绘一张美美的海报吧。如果熟悉电脑绘图软件（Photoshop 或 Adobe Illustrator 等），可以使版面显得更加精致。海报内容应包含下面这些关键信息：

- 时间。
- 地点。
- 宣传口号 / 社区花园愿景。
- 主办 / 协办 / 承办单位 / 团队（如有）。
- 加入方法及联系方式——列出联系人姓名和电话 / 微信，或给出线上报名系统的网址 / 二维码。

**Tips:**

常用的线上报名系统包括微信接龙灵析、金数据等网站。

海报范例

（2）方案公示

将方案以图文并茂的形式张贴在宣传栏里，让更多的居民看到并期待社区花园未来的样子，鼓励大家给予关注和支持。

社区宣传栏

方案公示

（3）相关利益方会议

相关利益方包括场地产权方、物业管理方、居委会、业委会等，事先需要跟所有场地有关联的单位、组织做好沟通，落实花园营造的各项许可手续。确保水电供应、工具与物资借用、施工时间、垃圾临时堆放、物料快递地址等各方面都事先批准确认，营建过程尽量不扰民。多方集中召开会议是个好办法，详细列好问题清单，做好会议记录。

利益相关方开会讨论

| 清单LIST |
| --- |
| 1. 施工时间 |
| 2. 垃圾临时堆放点 |
| 3. ……… |

问题清单

（4）动员大会

召集更多相关的居民、企业组织和社会团体，在动员大会上发出强有力的号召，也许能为你的社区花园募集到更多资源（财、物、人）。

动员资源与对象

准备材料应包括：

- 社区花园方案介绍。
- 纸质报名表。
- 笔。
- 小礼物（如贴纸、徽章等纪念品）。

在会上可以详细谈谈你的美好愿景和计划，认真告诉大家，你需要更多的支持力量。资金、建材物资、闲置物品装置、植物种子等都非常欢迎。如果有人对社区花园方案提出更好的意见和想法，及时采纳还来得及。过程中注重观察记录参与人员表现，并结合熟人引荐等方式挖掘以下人群：

- 有一技之长的社区达人。
- 热爱园艺但无地种植的居民。
- 对自然教育感兴趣的亲子家庭等。

如果找到就邀请他们填写报名表或加入微信群，壮大营建队伍。

**Tips:**

为提高参与积极性，邀请报名时可适当分发礼品或给予积极分子特殊权限，如参与活动优先权、专家分享会入场券等。



| 花园营造报名表 | | | | |
|---|---|---|---|---|
| 姓名 | 联系方式 | 报名时间表 | 备注 | 擅长的工作 |
| | | | | |
| | | | | |
| | | | | |

花园营造报名表

花园社交群

可以准备的小礼物：徽章、贴纸等

（5）施工围挡

施工前需要用围挡框出花园实施范围，做好安全提示，宣告正式动工。

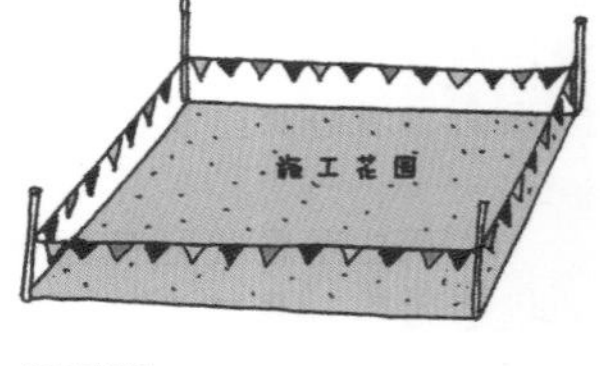

施工范围

- 围挡材料：施工警示绳、布条。
- 颜色：红色、橙色等醒目的颜色。

为了应对不可预测的突发事件，还需设置提示说明牌。

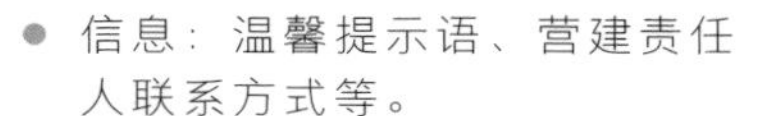

- 信息：温馨提示语、营建责任人联系方式等。
- 材料：木板或较硬纸板（需防水压膜）。
- 手写笔：记号笔、油漆笔等防水笔。



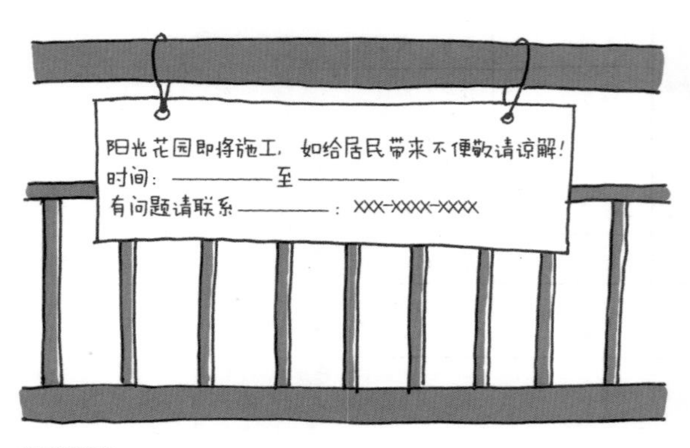

提示说明牌

如果你已经安排好了后续的营建活动，也可以趁着启动仪式的热度将营建活动预告和二维码标示牌留在场地上，方便居民知晓并报名参加。

在初期阶段由于花园尚未成形，部分居民可能对花园营建及其涉及的公共空间使用权限持怀疑态度，因此更需要提前告知花园计划，并尽快形成稳定的社区队伍。

## 5.1.2 任务拆分

共建共享是社区花园的重要精神。我们可以将营建任务做些拆分，从一些简单的工作开始，一步步组织居民动手参与实践。居民通过一系列营建活动，可逐渐培养与花园的情感、树立主人翁意识、增进邻里友谊，这些对花园后期管理及维护都至关重要。

以下过程是社区花园营建中通常的实施步骤，你可以根据花园场地大小、具体设计进行增减。

**任务拆分表**

| | | |
|---|---|---|
| 营建花园 | 栅栏 | 定位、安装固定、彩绘 |
| | 种植池围边 | 放线、固定收边 |
| | 土壤 | 平整、改善肥力 |
| | 路 | 找平、放线、收边、铺路面 |
| | 种植 | 确定种植点与种植密度、开挖种植、浇水、覆上果壳等覆盖物 |
| | 景观小品 | 室外家具、玩乐设施 |
| | 标识 | 花园铭牌制作、提示牌制作、植物铭牌制作 |
| 利用资源 | | 雨水收集桶、蚯蚓塔、昆虫箱、魔法门、温室、装饰品等 |



（1）发挥众人特长

有木工、手工经验的人可以准备材料或承担营建中难度较高的任务；园艺技能较强的负责种植；儿童也可以积极参与，做一些彩绘、装饰品制作等。社区花园共建的过程需要大家携手互助，而他们的技

居民特长发掘

能表现往往能给项目带来意外惊喜。

（2）公约制定

良好的工作态度和效率会让大家刮目相看！我们建议制定一些规范公约，协助伙伴们的工作更加井井有条。以下建议供参考与借鉴：

- 准时参加活动，请假需提前告知。
- 园艺工具使用后及时清洗归位，避免水分残留造成生锈腐蚀。
- 当天营建活动结束后，需要立即打扫整理场地，将未使用的工程物料按要求整齐地堆放并遮盖好，垃圾清运完毕。

……

**Tips:**

**有些花园营建任务可能会有一定的挑战性，需要做好预备方案并事先提醒。建议邀请有专长的居民或专业师傅展示标准做法和操作流程，详细解释需要注意的重要环节。**

以上环节都建议组织讨论会一起讨论，发配任务，制定公约或工作计划。

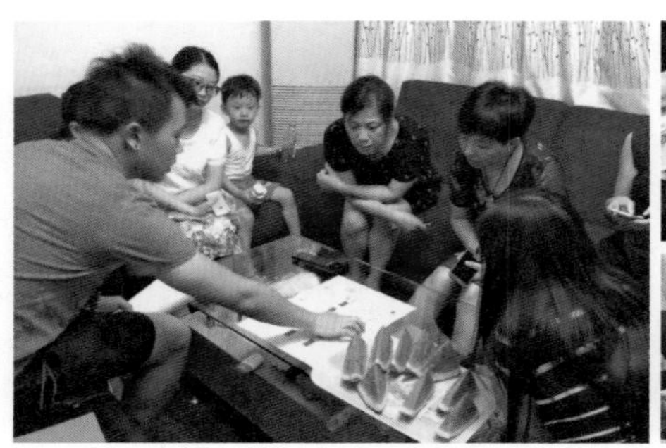

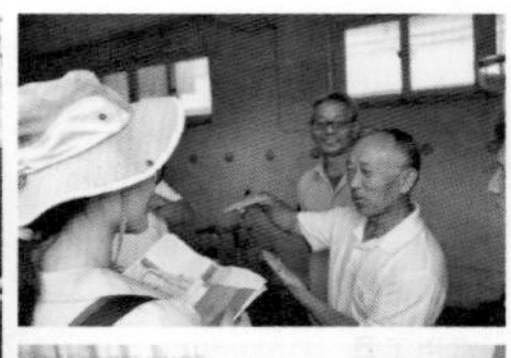

**居民讨论**

### 5.1.3 工具与物料准备

正式营建之前还需要准备好可能用到的工具和物料。

事先确定工具与物料存放处。比较理想的场所是底层靠近花园的空置储物间或杂物间。之后若有通过网站购买的工具，就可以直接快递到这个地址。

（1）工具准备

以下展示的是常用的工具，可根据具体情况增减，提倡利用手边既有的工具。



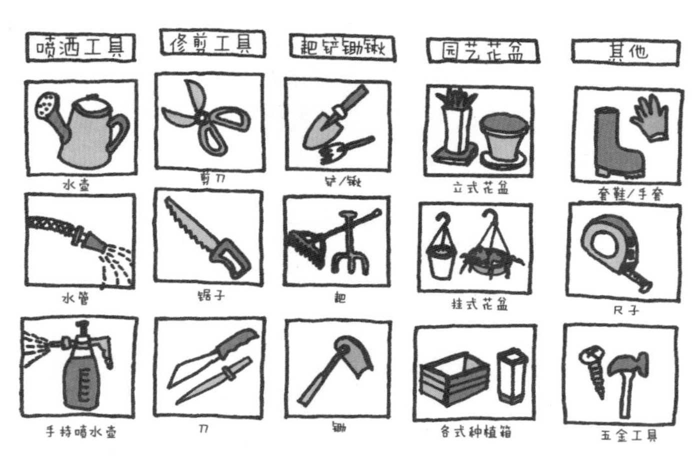


**常用工具**

（2）物料准备

准备物料的时候我们提倡遵循以下几个原则：

- 就近取材，使用本地出产的建筑材料。

- 重复利用场地现有的材料，提倡使用二手物料、废弃物。
- 选择低碳环保材料，并从整个生命周期考虑。例如：开采加工是否破坏环境；运输过程是否大量耗能；材料能否自然分解回归土地；是否能循环利用。

 Tips:

上海周边建筑石料稀少，石材从开采到运输都将给环境带来负担，因此花园里不建议大量使用；提倡多采用木材，尤其是本地的杉木料。但如果你的小花园所在的城市，正好是石材生产地，那么使用石材就较为合适。总之推荐选择所在城市本地出产的材料。



以下展示的是花园中经常用到的物料。

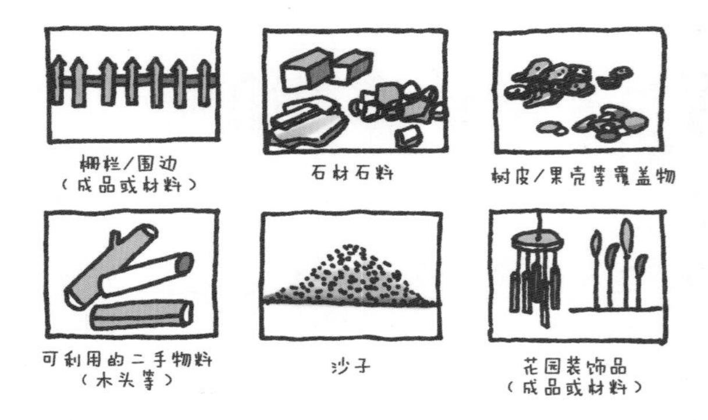


常用物料

 Tips:

如果现场制作栅栏、种植箱、景观设施与小品等对团队来讲过于困难，或者有更高的花园精致要求，也可以直接购买成品。请根据需要及预算灵活选择。

## 5.2 营建花园

每个花园的建设要求和场地条件都不同，相信你一定能根据自己的设计方案灵活调整。

Tips:

不要让后面的营建步骤影响前面已完成的步骤。

（1）场地整理

预先清理场地上的杂草、废弃物和其他不相干的物件，注意择优保留原生植物。有些材料或装置可以重复利用，例如水泥砖块、闲置花盆、枯枝落叶等可集中收集留存。

工具：铁锹、铁镐、手套、斗车（运送材料或垃圾）。

时间：一个 60 $m^2$ 的花园场地清理与平整土地大约需要一个成年人工作 4~6 小时。



确保场地水电设施可用，管线长度足够，满足电锯等工具使用及浇水等需求。水一般从周边或雨水桶（如场地有景观用水或具备配置雨水桶条件）接，雨水桶做法会在后文提到。

（2）放线

在后续的步骤中，常常需要先将图纸上的内容“放大”到场地上，也就是放线：

依照设计图纸，在地面上画出重要的定位轮廓线，包括道路、活动场地、种植箱等。通常用面粉、石灰直接撒在地上，也可以插上木桩或竹竿、摆放石头作为标志；在硬地上还可以使用粉笔或墨斗。应尽量保证放线的准确性，如果是直线形状可借助麻绳牵引。现场感受如果放线位置与图纸偏差较大，可以适当进行调整。

### 5.2.1 栅栏

栅栏围示出明确的边界，增加了社区花园的场所领域感。它仿佛在向周围人宣示：这块地方不一样，是属于我们居民共建共管的。此外，栅栏还有个重要的作用是防止宠物猫、狗等随意进入，损毁花草。

制作方法：

- 现场制作：使用场地收集整理的木头、树枝等，用铁丝、麻绳等现场组装。
- 彩绘美化：可以邀请社区小朋友共同进行创作。
- 购买成品栅栏直接安装。

我们鼓励前两种方式，既能有效利用二手物料，也能节省资金，降低成本。

栅栏样式 1

栅栏彩绘

以栅栏样式 1 为例：

工具：一定规格的木板、锯子、铁钉、铁锤、彩色丙烯颜料、画笔、铁锹、合页、手套等。

时间：一个周长 40 m 的小花园制作栅栏需要一个成年人工作 30 小时。

### 5.2.2 种植池围边

（1）做法与选材

常用围挡材质有木、竹、石、砖、瓦。

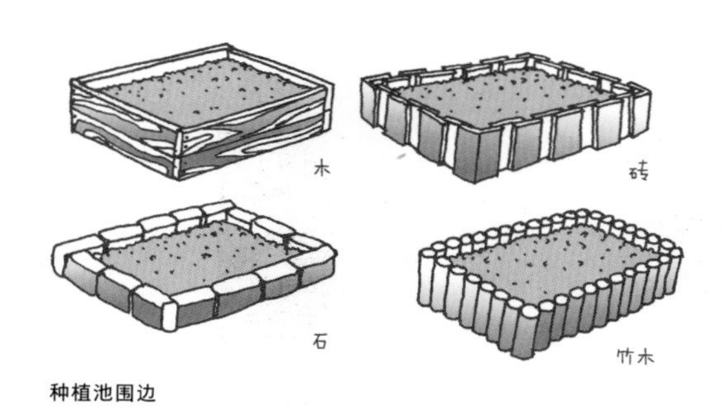


种植池围边

具体做法：

- 放样。
- 铲松边界，方便木板插入土里。
- 钉合木板。
- 将土壤下端埋入土壤中固定好。

工具：尺子、麻绳、几根长度相似的木棍、锤子、铁锹、木板、钉子。

时间：一个 1 $m^2$ 左右的种植池需要一个成年人工作 3~4 小时。

（2）二手建材废弃物大变身

除了购买全新的材料，在这个步骤中，你还可以充分发挥想象力，利用手边能利用的一切东西，如空心砖、啤酒瓶、车轮等，这些材料只要使用得当，都是富有创意的花园景观。

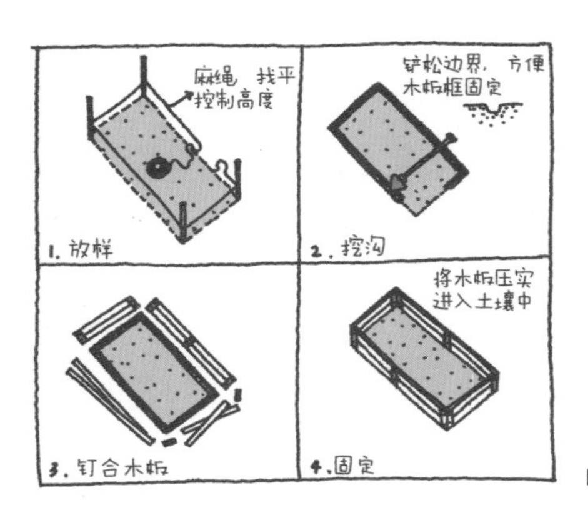


围边安装

种植池围边——木板

种植池围边——石块

种植池围边——废弃空心砖

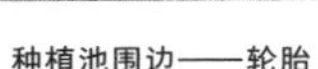

种植池围边——轮胎

种植池围边——废弃车轮



（3）几种特殊元素的营建

一些现状较为特殊且具有“巧思”的种植池设计也很值得借鉴，但要根据现场的光照、地表径流等情况妥善布置。

①一米菜园 / 种植箱

一米菜园是指在一个 1 $m^2$ 左右的空间里进行较为密集的种植，这种种植形式适用性很强。如在土地上做，可直接做个 1 m 长 1 m 宽的木框（其他尺寸亦可），固定在地面上即可；如果在屋顶、硬地上做，则可采用封底的种植箱或高脚种植箱的做法。

具体做法：

- 切割木板到合适的尺寸做四边的框，例如：长 1 m，宽 1 m，高 15 cm；切割木条做高脚，例如：长度 1 m。
- 拼合长方形边框。
- 将边框与 4 根木条钉在一起。
- 固定种植箱底部，可间隔铺木板做骨架支撑。
- 铺上蓄排水板和无纺布，既要保证种植箱不渗泥水，又要保持土壤的透气。
- 覆好泥土并种植。

Tips:

还可在做好的箱子上放上隔板，形成“九宫格”，每个格子的长宽大约 30 cm，可种上不同的蔬菜。

工具：木板、钉子、锤子、锯子、无纺布、蓄排水板。

时间：一个 1 $m^2$ 左右的种植箱需要一个成年人工作 3~4 小时。

**种植箱做法**

② 锁孔花园

锁孔花园是指在圆形花园（外围直径 3 m 左右）中间留下锁孔形工作空间；在中心操作区，所有的植物都触手可及。

具体做法：

- 根据设计图在土地上放样。
- 用同等规格的圆形或方形杉木桩围边，杉木桩插入地下的部分约 20~30 cm，如果土质较松担心不够牢固，可再深一些；露出地面的高度一般取 15~30 cm，看具体种植需要。
- 覆上种植土，适当起垄有利于排水。
- 种上想种的植物。
- 加上适当的覆盖物（如果壳、树皮等）。

工具：尺子、木桩、锤子、锯子、铁锹。

时间：一个标准尺寸的锁孔菜园围边需要一个成年人工作约5小时。

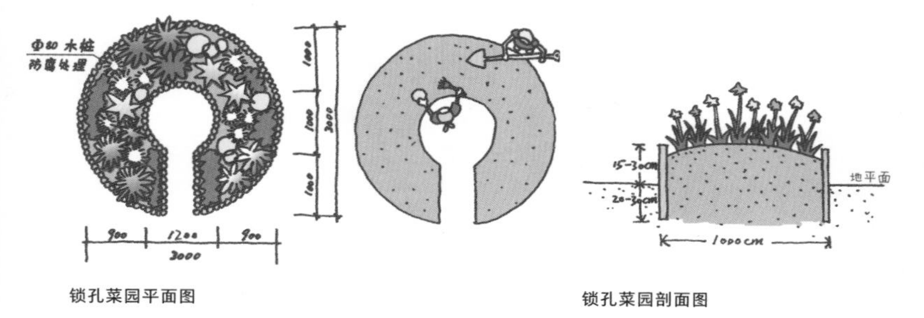


锁孔菜园平面图

锁孔菜园剖面图

锁孔花园建成实景图

③ 香蕉圈

香蕉圈是一个深约1 m，带隆起环形边界的土坑，是堆放落叶、秸秆等有机质的理想场所，为香蕉这类喜水、喜肥的植物打造的适合其生长的环境。上海的气候更适合芭蕉生长，因此下文以芭蕉为例。

具体做法：

- 确定所在位置，需光线充足。
- 挖一个低于地面 60~100 cm 的深坑，用挖出的土方在坑周围堆出隆起的环形边界。

- 在环形边界上均匀分布种植 4 棵芭蕉。这种构造能让所有植物获得光照，水会从高处的入口流到坑塘当中。
- 往坑里持续丢入杂草、落叶、修剪的枝条等，芭蕉圈内可填入高出地面 0.5~1 m 的绿色废弃物，这些物质分解后会变成芭蕉生长的养分。
- 将附近的中水、灰水引入芭蕉圈。



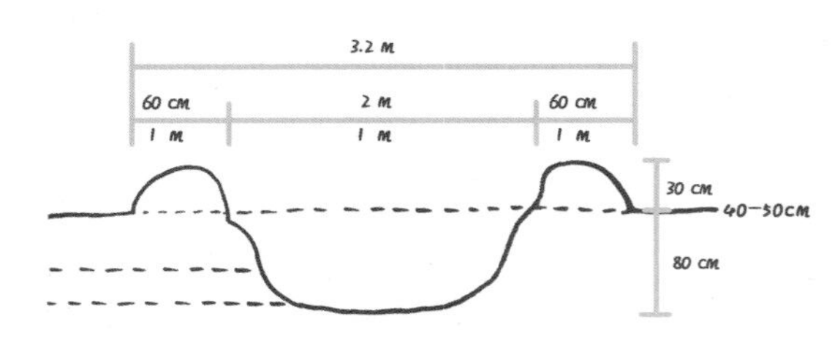


香蕉圈剖面图

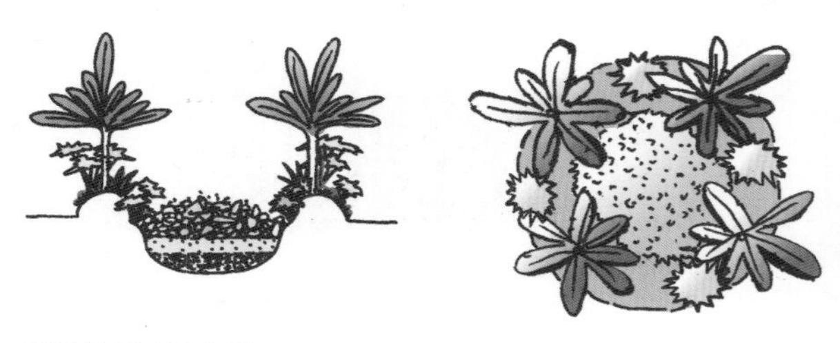

香蕉圈立面图和平面图

工具：铁锹、锄头。
时间：一个标准大小的芭蕉圈需要一个成年人工作约 5 小时。

 **Tips:**

你也可以用其他植物来代替芭蕉，比如巨大的纸莎草就是很好的净化类植物。

### 5.2.3 土壤

土壤处理是为后续种植做准备的，在种植池围边完成后就可以进行了。如果场地土壤状况良好，可略过此步骤直接开始种植。如果土质较差，则可采用堆肥方式进行土壤改良。

 **Tips:**

**要特别注意整个场地的排水问题（包括广场、道路和种植区），这关乎花园建成后的使用及维护。**

堆肥是一种可以将餐前厨余、植物残渣变为肥料的简单方法，它能改良黏土、砂土的土壤结构，使其适合种植并富含营养。就地堆肥还能减少营养土、泥炭土的外购，减少对环境的破坏。



制作堆肥有很多方法，下面介绍几种适合在社区花园内或室内操作的方式。

（1）厚土栽培

厚土栽培法也叫“三明治堆肥法”，是将各种有机材料一层一层堆叠起来，直接在原有土壤的上方加东西，同时可充分利用园林废弃物，如场地草木修建得到的枝条、落叶、草屑等材料，由此制得的厚土的水肥能力都要远远高于普通的土壤。

堆肥中的园林废弃物利用

具体做法：

| 要做的事 | 为什么这么做 | 图示 |
| --- | --- | --- |
| 翻土开沟 | 准备在种植池内开始堆肥 | 种植池围边 |
| 第一层——绿色层，厚度为 8~10 cm，可选择鲜瓜果皮、老菜叶、新鲜草屑、酵素渣等 | 含氮肥，经过腐化后产生的养分能帮助植物长得更强壮 | |
| 第二层——土壤层，厚度为 8~10 cm | 回填挖出的土 | |
| 第三层——棕色层，厚度为 8~10 cm，可选择干草、干树叶、干秸秆等 | 含碳肥，废弃物就地利用，也会分解变成腐殖质 | |
| 第四层——土壤层，厚度为 8~10 cm | 回填挖出的土 | |
| 第五层——覆盖层，厚度为 5~7 cm，可选择松针、树皮、锯末、干草、稻壳、稻草等 | 保留水分，保温隔热，保护土壤和幼苗 | |
| 在放入每层材料之后都可以适当洒一点水，或者放入全部材料后一次浇透 | 加速有机质的腐熟过程 | |

**厚土栽培图解**

覆盖物就是盖在土壤之上，用以保护土壤的表层材料。

覆盖物的好处：

- 减少表土的水分蒸发。
- 保温隔热。
- 抑制杂草生长。
- 腐熟可提供土壤养分和有机质。
- 园林废弃物的再利用。

常用覆盖物的选择：

- 有机物：松针、树皮、木屑、干草、稻壳、稻草等蓬松而干燥的物质（会分解腐熟，所以隔一段时间可以补充一些覆盖物）。
- 无机物：碎石、砾石、鹅卵石等。

基地里有什么用什么，减少外购。



厚土栽培法可将农事劳作变得简单，要移植的时候，只需要在覆盖物中挖一个洞，就可以将植物种下，然后回填覆盖，最后浇水即可，以后不需要经常追肥。

工具：手套、铁锹。
时间：1 $m^2$ 的厚土栽培工作需要一个成年人工作约 4 小时。

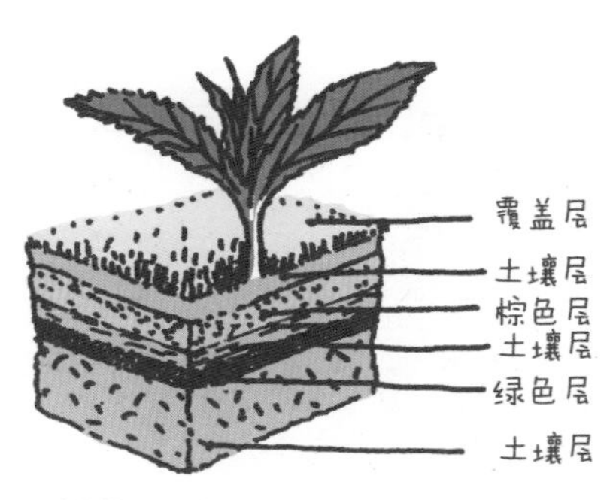


厚土栽培分层图解

（2）落叶堆肥

落叶堆肥是一种懒人堆肥法，特点是开放露天，使用枯枝、树叶、杂草等园林废弃物集中堆放，任其化为黑土再用它来肥沃土壤。

为了保持社区花园中的整洁卫生，通常会做圆形或方形的堆肥箱，集中收集落叶。有以下两种做法供参考。

① 圆形堆肥箱：购买宽 1 m 铁丝网，围成大小适合的圈，用麻绳捆绑接口；底部一小段插进泥土固定即可。如果不够稳也可用木条 / 木板加固。放入园林废弃物后，用水浇透，成熟大概需要 3~6 个月，期间不必翻动。

工具：铁丝网、麻绳、老虎钳、木条。

时间：一个直径 1 m 的圆形堆肥箱需要一个成年人工作 1~2 小时。



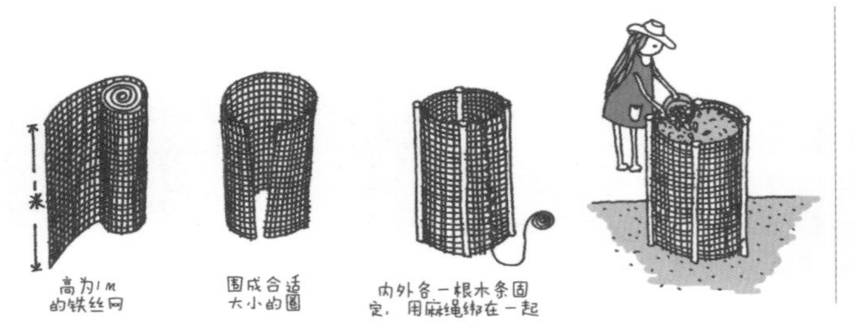


圆形堆肥箱制作

圆形堆肥箱

② 方形堆肥箱：可看作圆形堆肥箱的升级版。除了形状不同外，还在靠近底部的位置增加了取肥口。由于制作堆肥是一个持续的过程，堆肥箱上部和底部的肥成熟有个时间差，新的废弃物从上方被不断丢入，而底部已成熟。取肥口的设置以无须翻动即可拿到底部的熟土为佳。

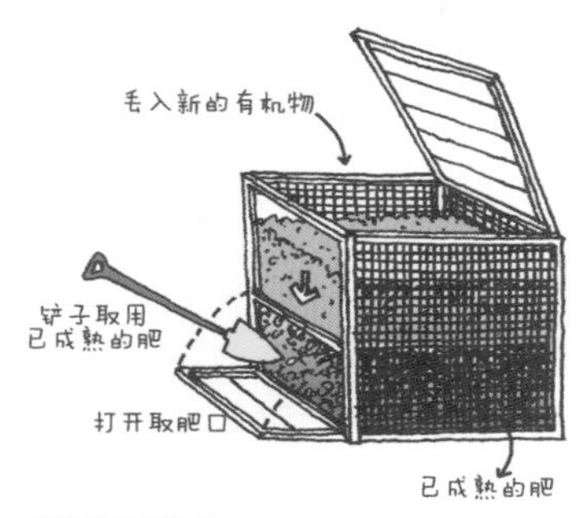


方形堆肥箱制作



具体做法：

- 用木料制作骨架——一定尺度的木条。
- 搭建骨架——形成立方体框架。
- 制作取肥口，安装插销、合页等开合零件。
- 用铁丝网将骨架围合好。

制作过程示意图

工具：木条、铁丝网、锯子、钉子、老虎钳、锤子、合页、插销、电钻。

时间：一个 1 $m^3$ 左右的方形堆肥箱需要一个成年人工作 4~6 小时。

不论是圆形堆肥箱还是方形堆肥箱，都建议事先准备好一个盖子，木板或纸板皆可，防止风太大时，乱飞的落叶和泥土影响社区卫生。

（3）蚯蚓塔堆肥

蚯蚓的活动能疏松土壤，让土壤通风，防止土壤板结，同时通过进食与排泄养分，让土壤变得更加肥沃。在社区花园中，也可在蚯蚓的协助下进行堆肥。



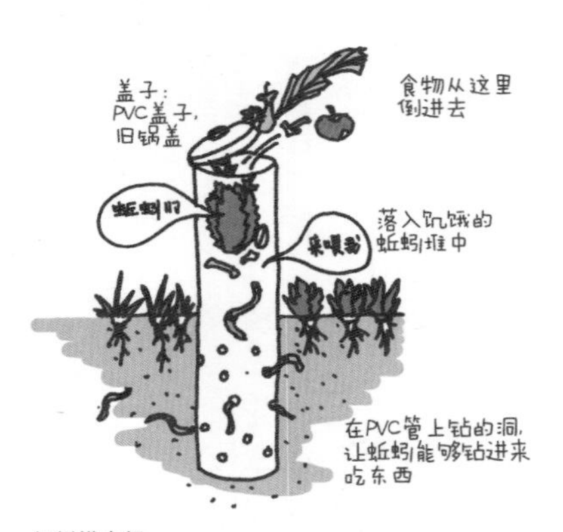


**蚯蚓塔介绍**

蚯蚓塔制作简单，是蚯蚓堆肥的一种方式，借由蚯蚓的力量，能把餐前厨余、狗大便等转化为肥料，蚯蚓的粪便有助于形成土壤的团粒结构，提升土壤肥力，使植物生长良好。该装置很容易置入到社区花园中，并且不会产生异味和蚊虫。

具体做法：

- 所需材料：大约 1 m 长、直径约 20 cm 的不透明 PVC 管（蚯蚓需避光），一个稍大于 PVC 管径的盖子，方便开启。
- 在 PVC 管下方 30 cm 左右的区域随机钻洞，洞的直径大约为

2 cm，这部分埋入土中后能让蚯蚓从洞中钻进管里吃东西。

- 用合页将盖子和 PVC 管固定在一起，让盖子便于开合，这样能防止雨淋或产生虫蝇。
- 围绕蚯蚓堆肥塔的制作，也可组织儿童彩绘等活动来装饰蚯蚓塔。
- 将做好的蚯蚓塔插入泥土中固定，在里面放入蚯蚓爱吃的食物，等待蚯蚓光临吧。

工具：PVC 管、PVC 盖子、锯子、合页、电钻（打孔）、铁锹、钉子。

时间：一个蚯蚓塔需要一个成年人工作约 3 小时。

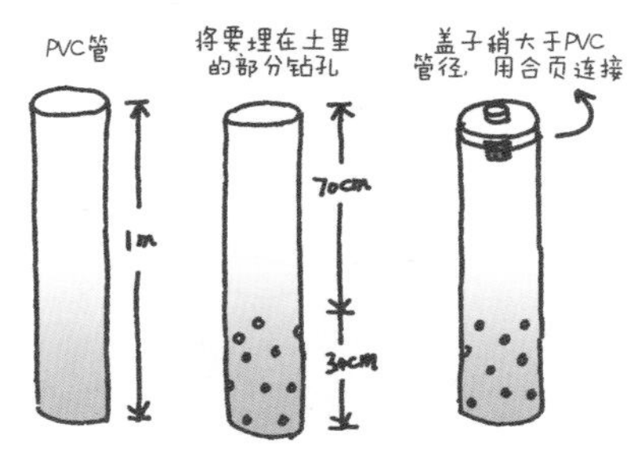


**蚯蚓塔尺寸**

配合蚯蚓塔通常需要制作蚯蚓塔使用说明来提示用法。在社区花园里的蚯蚓塔，常常会被当作狗大便的“垃圾桶”，要注意的是，需要提醒居民在处理狗大便时，要将捡拾狗大便的塑料袋或报纸分开放到普通的垃圾桶里，或者可以在社区花园的工具处配一把专门“铲屎”的夹子。

**蚯蚓塔使用说明**

| 蚯蚓喜欢的东西 | 蚯蚓不喜欢的东西 |
| --- | --- |
| 餐前厨余（如菜叶、果皮、果渣等）、面包、豆渣、米糠、狗大便 | 塑料袋、茶渍粉和含有茶渍粉的水、柑橘类果皮、瓜子壳、蛋壳、含油和盐的厨余 |

**Tips:**

**蚯蚓塔使用说明可借助"蚯蚓塔论坛"等活动向居民科普，同时引导大家关注社区花园与社区事务，群策群力。**

多种美观经济的标识制作方法会在 5.2.7 节详细介绍。

（4）EM 菌密封式堆肥

如果在实际操作过程中不方便在花园操作堆肥的话，也可以采用家庭式厨余堆肥，做好后拿到室外花园。利用其他 10 L 左右的容器或购买密封式家用堆肥箱即可在家轻松操作。

具体办法：

- 在堆肥箱底部放好过滤网之后，放入一层含碳的材料，如纸板、咖啡渣等，能帮助吸收水分。
- 收集厨余，尽量沥干水分，如果有比较大块的厨余，如西瓜皮等，可以先剪成小块，有助于缩短发酵的时间，然后将厨余尽量均匀得平铺在堆肥箱里，厚度为 3~5 cm；铺一层 EM 菌，再继续倒入第二层厨余，以此类推。
- 撒上菌种，市面上有售卖的菌种土或菌种活性液，这些菌种可帮助加速发酵，并减少异味；另外，加入茶叶渣、咖啡渣、茶籽粉等材料也可以有效吸收异味。
- 在最上层再铺一层纸板将厨余完全覆盖，用手压紧。
- 最后盖紧盖子，之后每次投入厨余的时候也要注意动作快，防止气味跑出来。
- 收集肥液：一周之后就可以从箱子的出水口收集肥液了，肥液可稀释 500~1 000 倍用来浇花浇菜。
- 堆肥箱满了之后，静置 3~4 星期，将半熟的堆肥倒入大花盆或木箱，再放置 1 个半月，期间每周去翻搅 1~2 次，加盖但不盖紧，你会发现未分解的东西越来越少；等堆肥完全成熟后，就可以把它拿到花园里去改善土壤了。堆肥的成熟时间跟温度有关，温度低的时候约三个月可用；温度高的时候约一个月就可以用了。

EM 菌堆肥箱

（5）酵素

酵素是另一种适合在家中操作的肥液制作方法。材料以水果皮、水果渣为主，以菜叶等餐前厨余为辅，注意将水果腐烂的部分和果核去掉，加以糖蜜或红糖，糖蜜：厨余：水以 1：3：10 的比例为最佳。将所有材料放入容器中（最好透明，方便观察），让糖水没过固体厨余，容器需放置在阴凉通风处密封存好，前 10 天需常开盖放气。发酵约三个月即可使用。

**柑橘类、菠萝类水果皮，能让味道比较芬芳，但西瓜、香蕉等水果就不适合用来制作酵素。**

酵素可作液体肥浇花浇菜，有助于减少病虫害，也可用于清洁。余下的酵素渣滓可与其他肥混合再埋土，辅助堆肥，既不臭又能加速制肥。

工具：玻璃瓶 / 塑料瓶、剪刀、果皮等材料。

时间：做一次酵素需要一个成年人工作 1 小时。

酵素制作

## 5.2.4 道路

社区花园是一处高频率使用的场所，脚下道路在满足功能需求的前提下，还需要尽可能体现生态环保的精神。

下面举几个例子说明道路的营建步骤。

 Tips:

**这里所指的道路是位于花园中仅供人行（轮椅）的小径，一般禁止车行，包括电动车、自行车等。**

（1）石子路



石子路是花园中常用的道路做法，无须硬化土地，又可供正常行走使用。

具体做法：

- 放样画出道路现状与边界，注意控制道路的宽度。
- 夯实底层素土。
- 铺上无纺布。
- 铺 5~7 cm 厚的瓜子片或碎石，铺设均匀，注意不让无纺布露出来。

工具：铁锹、斗车、石子、面粉、手套、木锤、铲子。

时间：一条长 5 m，宽 0.5 m 的小路需要一个成年人工作 2 小时。

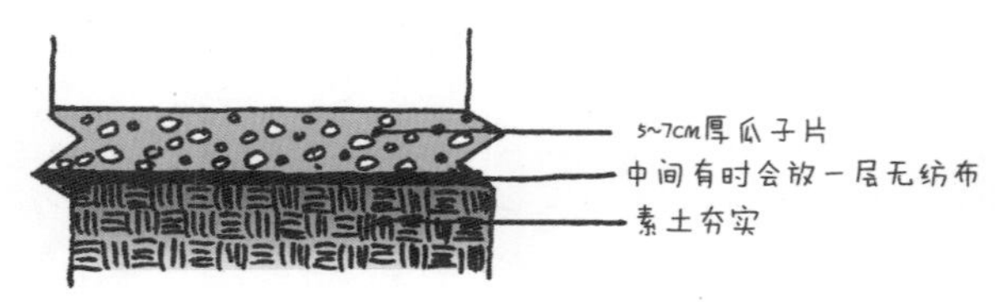


**道路剖面图**

少年参与石子路营建

（2）汀步

汀步原指设置在浅水中的步石小路，后来发展出各种形式，可搭配植物、铺装营造丰富景观。在社区花园中，汀步的选材、样式可根据花园主题与气质灵活多变，显现独特的“匠心”。

各式汀步

（3）道路中的园林废弃物利用

花园中现有的园林废弃物也能作为道路的围边或面层被利用起来。

- 用杉木桩作为道路枕边。
- 用枯枝、落叶、树皮作为道路的上层覆盖材料，避免雨天泥泞。
- 用废弃水泥板、石板进行嵌草乱拼。

杉木桩枕边小路

嵌草乱拼

园林废弃物铺面小径

## 5.2.5 种植

在我们社区花园的植物种植上，既要考虑植物种类之间搭配的合理性，同时也要考虑时间的合理性、植物的特性等，只有完成这些，才能很好地将植物种植成功。此外，更加重要的一点是必须遵循环保的原则，积极营造一个低能耗的社区花园，这主要体现了我们的一种社会责任。

在社区花园的种植过程中，做到环保可以从以下几个方面考虑：种植的容器尽量选用可以重复使用，少用不可降解的塑料盆、薄膜之类的材料；不使用农药化肥，多使用生态堆肥，学会整合式的病虫害管理，营造稳定和系统的花园生境，即能减少杂草和病虫害等；尽可能地种植本土植物或者已经栽培稳定的植物，一些不太熟悉的外来种尽可能减少使用或者不用，因为很多物种的外来入侵大多数都是出于观赏、农业、环境治理等目的，引入后会造成不可控制的结果。

在社区花园中的植物种植，不同的植物可能适合的种植方法会不一样，主要有籽播、育苗移栽、大树移栽等。大多数草本植物都适合直接籽播，但在我们社区花园中，主要适合一些发芽率高、抗性较好、不适合移苗的草本植物，像波斯菊、萝卜、虞美人等。而大多数蔬菜瓜果类需要经过育苗后再移栽（市场上购买的容器苗、裸根苗等也都采用移栽的方式），大一点的灌木、小乔木、乔木等则主要通过种树的形式。有的树木种子发芽率低，甚至有的种子具有休眠特性，在这样的情况下，通过种子播种育苗的周期就会很长，这时候，我们可以通过嫁接、扦插、分株等繁殖方式获得新的植物材料，这些方法可以大大减少购买植物的成本。



（1）籽播

籽播相对来说比较简单粗放，更加适合一些大面积的种植地块，如坡地、草坪、路缘等。操作过程简单，首先是将土地平整，划出播种的区域，然后将种子均匀地播撒，用带齿状的钉耙轻轻耙一遍，最后浇水即可。

**籽播**

（2）育苗移栽

在我们的社区花园中，育苗的工作量远远不如商业生产的农场那样巨大，所以只要你能够按照时节安排好你的育苗计划，就能及时更新花园里的植物，同时这个过程也能调动更多的社区力量参与，让社区花园能够在一年四季中保持丰富的景观。

一般市面上出售的种子都会注明合适的播种月份、季节，以及种子的萌芽周期、生长条件等。一般情况下，春季和秋季是比较适合播种的季节，那如何判断一个植物是在春季播种合适还是秋季播种合适呢？通常植物会在2~4个月的生长期后才会开花，所以该种植物开花期往前1~2季就是非常合适的播种期，例如夏秋季开花的，就应该在春天播种，春季开花的，播种期就应该在前一年的秋冬季，播种只需要掌握这个简单的原则就可以了。



育苗前，一定要先学会认识种子。一般情况下，我们的种子主要来自种植过程中留种，留种对于保留一些优质的原生种非常重要，同时对于花园植物的稳定性将会起到很大的作用，并且这样也可以丰富社区花园的种质资源库。此外，很多种子也可以在市场上的种植销售店、网上的园艺商店等获得，但是这些种子多是生产的包衣种子，包衣会有毒性，对土壤及土壤中的昆虫不友善，且这些种子会在种植过程中逐年弱化，品质明显降低，所以在社区花园的种子选择上，需慎重考虑。

在拿到种子准备播种前，你必须仔细阅读种子的保存日期、发芽率、播种时间、需光程度及发芽天数等信息，这些信息可以帮助你选择合适的播种方式、时间等，有效提高播种的成功率。

育苗步骤如下：

- 选用底部有细孔的育苗盘，在育苗盘中放入干净且较为细软的土，将土整平。
- 选用一张稍微硬一点的纸对折，将种子放在对折的纸片中，然后均匀地将种子抖洒在土面上。
- 用带小孔的滤盘筛一层细土将种子覆盖上，这里需要提醒的

Step4: 慢慢浸湿育苗盘

**育苗步骤**



是，切记不可直接浇水，此时种子还未固定，水流会容易将种子冲散变得不均匀，影响发芽率或后期小苗生长，正确的做法是：将已经完成覆盖的育苗盘轻轻放入盛水的容器中，让水慢慢浸湿，这样种子不会被水冲散跑掉。

- 浸湿完成后将整个育苗盘放到阴凉通风处，温度控制在21℃（依据种子发芽适温条件调整）左右，插上标牌（标牌信息必须包括但不仅限于：植物种名、播种时间），定期观察，注意浇水（在此后的浇水中可以继续采用浸湿的方法，也可以用喷壶均匀喷洒，但需要注意喷头孔径的大小，水量不宜太大）。
- 大多数植物的萌芽时间预计为7~14天，待小苗完成萌发生长整齐，将苗放置于有阳光照射处进行炼苗，这时候你也要特别留意小苗的生长空间是否太拥挤，及时进行间苗，防止幼苗因光照不足及空间狭窄而徒长，保证出苗时植株粗壮健康。

育苗的主要目的是让植物在生长期得到充足的管理，然后获得粗壮健康的小苗，一旦获得一批长势喜人的小苗，育苗就算成功。在这之后，你需要及时将这些小苗移栽到新环境中。移栽前一定要对移栽种植的土壤进行厚土栽培，最后移栽小苗，根据小苗生长点调整种植穴的深度，但切忌将小苗埋得过深超过它的生长点，这样会导致它缺氧死亡。



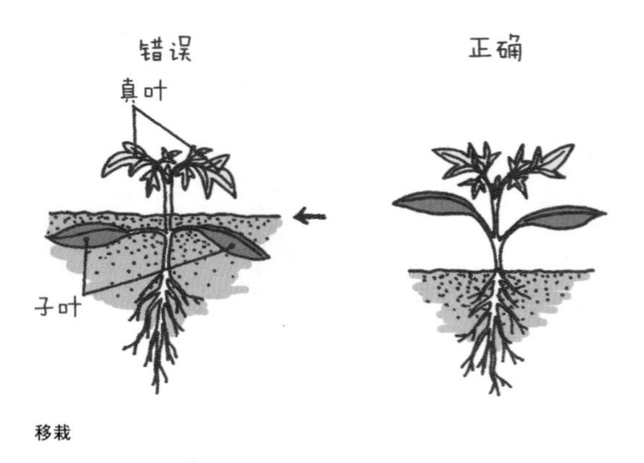


移栽



（3）种树移栽

我们在种树之前可以思考一下这棵树它将来在花园中的作用及影响是什么，比如为人们提供夏天遮阴、为动物提供食源、作为非常漂亮的主景树等。当你清楚地知道一棵树在你的花园中的作用时，你自然而然知道如何去选择树种、确定种植的位置，所以这些准备工作在此就不再赘述，你可以根据实际情况来确定。当然，最应该告诉大家的是，如何种树才能保证树苗能够正常存活且长势良好。

具体操作：

- 量根：种树前用尺子量一下树根或土球的长度，这样的目的是方便你接下来挖一个适合的种植坑。
- 将树根或土球泡水：种树前需要把幼苗的树根或土球放入水中浸泡 15 分钟左右，特别注意的是，如果是裸根泡水，泡过水的树根需要用手捋一下，防止树根盘在一起；如果是土球，泡水过程直至土球的气泡消失完成。
- 挖种植坑：根据第一步测量的树根或土球的长度（一般在实

际操作中，比较小的树苗可以直接估量）挖一个深度适合的种植坑，种植坑的深度是树根或土球长度的 2~3 倍，在挖土的过程中需要将表层土和深层土分离，首先将表层土轻挖一层放在旁边，接着挖出来的深层土放在另一边，尽量不要混在一块，方便回填时先填表层土，再填深层土。

- 加入底肥：挖好种植坑后，在底部先放一层高氮底肥（波卡西堆肥、厨余垃圾、堆肥土等），放完底肥后放一层表层土，接着放一层高碳有机物（稻草、落叶、腐熟木屑），接着再放一层表层土，最后放入树苗。
- 扶直树苗：放入树苗后将树苗扶直，保证垂直于地面，并在此过程中依据树根的长度和树苗生长点的位置进行调整，以树苗生长点水平为宜。
- 填土：将土回填，轻轻踩实。
- 浇水：填土完成后，开始浇水，定根水很重要，所以刚种下的树一定要浇透水。
- 覆盖：种植好的树苗，一定不能让土壤直接裸露，所以可以用腐熟碎木屑、稻草、松树皮、纸板等覆盖，覆盖时先做一层覆盖，再放一层土，最后再覆盖一层，覆盖完成后，再浇一次水。



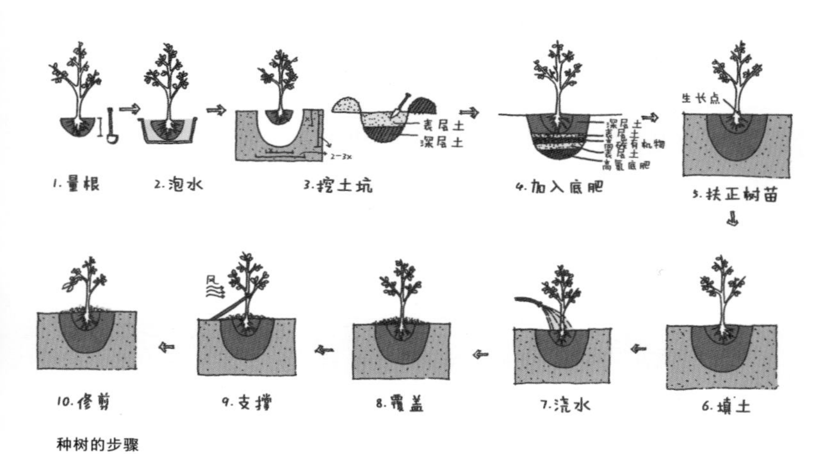


种树的步骤

- 支撑：用竹竿或木条作为支撑固定树苗，再用麻绳固定连接处，防止被风吹倒，更多支撑方法详见 6.2.1 支撑。
- 修剪：如果叶子过大，可以修剪叶子的 2/3，防止植物的蒸腾作用，为幼苗的生长留下更多的养分，剪落的叶子也可作为覆盖物。

我们在营造社区花园时，植物作为重要的组成部分，它的来源关系着整个花园的营造成本。按照遵循自然规律的原则，我们切不可随意野外挖采植物移栽到花园里，通过市场采购的植物也要尽量购买当地比较稳定栽植的种类，对于新优奇特的植物品种要慎重选择。对于社区花园的植物更新来说，只要我们掌握一些简单的植物繁殖技巧，就能实现整个花园的更新，甚至还能在社区内实现家庭之间的植物漂流。下面介绍两种常见的植物繁殖方法：扦插法、分株法。



① 扦插法

扦插就是将植物的根、茎、叶等部分剪下来，插入土壤中使它生根长成新的植株的繁殖方法，这种方法发芽速度和成功率很高，大大缩短了育苗周期，因此被广泛应用。

我们在扦插时，无论选用的是枝条还是叶片等，都称之为“插穗”。通过扦插产生的新植株能够完整地遗传母株原有的特性，因此，在选择插穗时一定要选择生长发育良好且无病虫害的母株。扦插的苗床一定要保证土壤透气干净，通常直接选用洗干净并消毒的河沙作为苗床扦插。

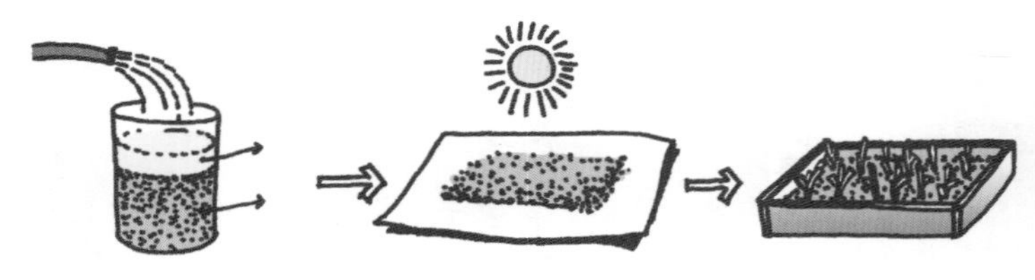

**扦插前苗床的处理**

此外，扦插选择的时机应该避开花期，开花植物一定要观察留意花开花谢的时间，例如杜鹃花通常在 2、3 月开花，所以一般要等到 5 月份杜鹃花完全花谢后，再选择新枝条去扦插。若是四季开花或常绿植物，则几乎任何时候都可以，只需将花苞剪掉即可。大多数落叶植物，扦插的时机可以选在秋天落完叶到春天发新芽这段时间里。

常见的 4 种扦插法：

- 枝插：剪取带有 2~3 节枝叶的茎干做插穗，多数的草本及木本植物都适合枝插。
- 叶插：直接使用叶片做插穗，通常用于叶片肥厚的植物，如非洲堇、大岩桐、多肉植物等。
- 芽插：只用带有一个节的枝条做插穗，常用这类扦插方法的如茶叶等。
- 根插：取植物较粗大的根部，可作为扦插使用，通常是植物换盆或移植时才能取得的材料。



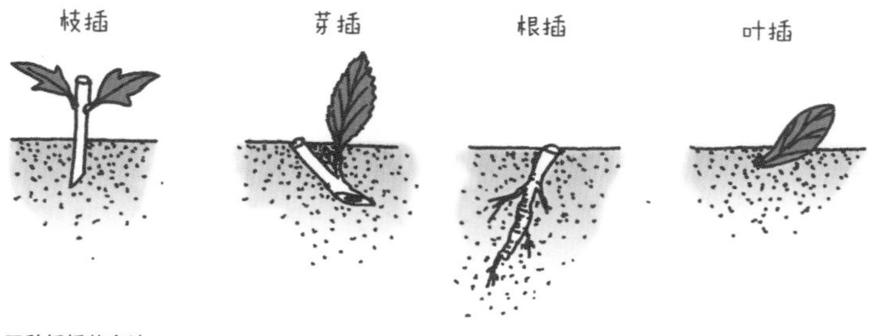


四种扦插的方法

- 使用干净的培养土。
- 使用干净锋利的修枝剪。
- 选择健壮饱满的枝条。

- 剪下插穗稍许晾干可减少感染。
- 叶片减半可减少水分蒸散。
- 木本植物可泡一下促进生根。
- 按照植物类型选对季节扦插。
- 培养土略干才浇水。
- 观察枝条掌握生根情况。
- 避免阳光直射。

② 分株法

相比扦插，分株具有很高的存活率，能够让人更加具有成就感。分株是一种无性繁殖的方式，主要是从母株丛中将已经具备根、茎、叶、芽的个体分离出来，操作简单，只需要在分株时注意不要弄断主茎即可。分株法主要适合一些萌蘖能力较强、自根部有很多新芽长出的植物。

其次，分株也能解决母株生长空间被挤占的问题，可以让母株继续保持生长活力。

**分株方法**

（5）鼓励植物漂流

社区花园是一个属于社区居民共治共享的空间，因此，在社区花园的种植过程中更加鼓励的是社区之间的植物漂流。大家可以将家里多余的植物拿到社区花园中一起种植、共同维护，甚至是彼此交换，这样既促进了社区之间的交流，也是一种低碳环保的践行方式。

### 5.2.6 景观小品

（1）室外家具

室外家具是社区花园吸引居民停留并产生交流的重要因素之一，可根据场地需要进行配置，鼓励利用二手材料或园林废弃物进行制作，创意不限。

① 木桩坐凳

制作一组木柱坐凳，只需将木头截成 30~50 cm 高的木桩，放置在适当的场地上即可。如果希望进一步美化，可用丙烯颜料进行彩绘。

**木桩坐凳 1**

**木桩坐凳 2**

**空心砖坐凳**

工具：木桩、锯子、丙烯颜料、画笔、手套、木工笔。

时间：如图一组坐凳需要一个成年人工作 8 小时。

② 空心砖坐凳

如果正好有二手的空心砖，可用空心砖和木板组成简单的坐凳。

工具：木板、锯子、空心砖、手套、木工笔。
时间：如图一组坐凳需要一个成年人工作 2 小时。

③ 石笼坐凳
石笼坐凳造价较低，且效果自然，别具一格。

具体做法：

- 制作底座外框：钢丝网可以从网上购得，网之间用钢丝连接，形成一个长方体的“箱子”。
- 将填充物填充进钢丝箱中：填充物可以选用废旧木头块、石块、砖、瓦及各种硬质的废弃物，由钢丝网和填充物组成的基座是石笼坐凳的重要骨架。
- 凳面的固定：选择细长的木条作为龙骨，中间穿孔，用铁丝将木条和铁丝网拧在一起固定，再选择和铁丝网大小一致的木板盖在龙骨上方，将铁钉钉入木板和木条，凳面就固定完成。



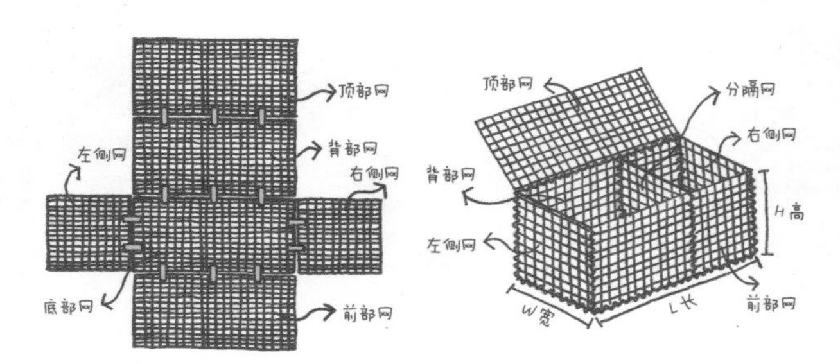

石笼坐凳拆解

石笼坐凳

工具：铁丝网、填充物（木块、石头）、木条、木板、铁丝、老虎钳、手套、电钻、铁钉、锤子。

时间：如图一组坐凳需要一个成年人工作10小时。

（2）玩乐设施

在社区花园中还可以设置一些有趣的玩乐设施，社区里的小孩子一般会很喜欢它们。玩乐设施使用的材料多种多样，大多是利用二手的木、竹及其他材料。几个例子供参考，有易有难，大家也可以发挥想象力创造更多好玩的小东西。

木风琴

竹风琴

秋千

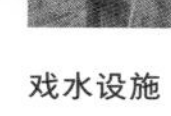

戏水设施

### 5.2.7 标识

制作标识的任务相对简单，可引导各年龄层居民参与创作，材料、创意不限，很容易突出个人特色，让居民在社区花园中留下个人印记。

需要的标识不用在一开始就面面俱到，随着社区花园的营建和使用，你会感受到还缺少什么，补充即可。

（1）花园铭牌

花园铭牌展示的是花园的名字，可以在标识制作这个阶段再讨论想法，或在决定营建之初想好。推荐使用随手可得的材料或者是营建过程中剩余的边角料，来打造个性化的花园铭牌。

**花园铭牌 1**

**花园铭牌 2**

**花园铭牌 3**

工具：木板、松叶等装饰物、锯子、胶枪、胶棒、颜料、画笔。

时间：如花园铭牌1需要一个成年人工作3小时。

（2）花园提示牌

花园提示牌

有些提示牌可以考虑纳入花园中，内容和风格可以多样，举例有：

- 环保提示：请把垃圾扔进附近的垃圾桶哦。
- 设施使用说明：狗大便可以扔进蚯蚓塔，但请将塑料袋扔到垃圾桶。
- 温馨口号：协力共建，社区花园。

工具：硬纸板、黑色记号笔、剪刀、麻绳。

时间：一个花园铭牌需要一个成年人工作0.5小时。

（3）植物铭牌

植物铭牌可以帮助社区居民辨识植物，既能欣赏美景，又能学习植物知识。对小朋友来说，制作植物铭牌的过程也是很好的学习机会。

**植物铭牌**

工具：罐头盖子、黑色记号笔、铁丝、老虎钳。
时间：一个花园铭牌需要一个成年人工作 0.5 小时。



## 5.3 利用资源

### 5.3.1 雨水——雨水收集桶

雨水收集系统是对雨水进行收集并简单利用的一个装置。收集雨水，利用重力作用进行初期雨水的过滤，清除水中杂物，然后存入储水桶。将原先流入排水沟的雨水收集起来，用于社区花园后续维护，如植物浇灌，同时可科普节水环保理念、水循环知识等。

在确保你的社区花园有条件设置雨水花园的前提下，可制作雨水收集桶，具体做法：

- 通过网络或实体店购买一个 200 L 规格的雨水桶，如果你所在的地区降水量大或可承接的雨水量较大，那么也可以买 2 个，平稳地放在雨水管附近。
- 用各种规格的 PVC 管、弯头等水管部件为雨水从落水口到雨水桶设置下落“路线”。

- 为雨水桶钻两个孔：较低的一个用来安装水龙头，较高的一个用来安装溢水管，注意孔洞的直径要与水龙头或者溢水管相匹配。
- 根据水龙头的位置选择是否要垫高桶身，这是为了雨水桶蓄水之后方便从水龙头接水；
- 用木板和麻绳为雨水桶绑个围边，使其更加美观。
- 围绕雨水收集桶的制作，还可组织儿童彩绘装饰等活动。

雨水收集桶



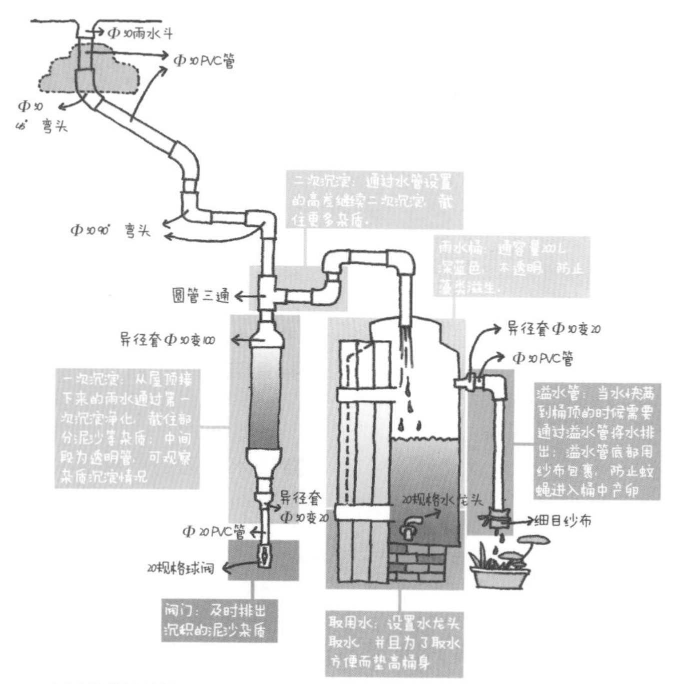


雨水收集桶分解

Tips:

是否需要设置雨水收集桶要根据场地条件决定，需要花园场地附近有可利用的雨水管道。

## 5.3.2 园林废弃物

花园营建的过程中，你识别资源的能力应该越来越强。树枝、木块、竹片等边角料或废弃物，都应该纳入珍贵的资源范畴，甚至一片落叶、一个松果也能成为花园中别具一格的点缀。

（1）昆虫箱

在城市社区中，由于自然的缺失，昆虫也越来越少见，昆虫箱能为昆虫们提供栖息和越冬的场所，借此吸引更多昆虫，起到丰富在地生物多样性的作用。

以图示的一个简单的方形昆虫箱为例：

① 用木板搭设框架和隔板

你需要 9 块同样宽（比如 10 cm）同样厚（比如 1 cm）的板子：

- 3 块长 40 cm（A）。
- 2 块长 30 cm（B）。
- 4 块长 13.5 cm（C）。
- 还有胶水 / 钉子、锤子。

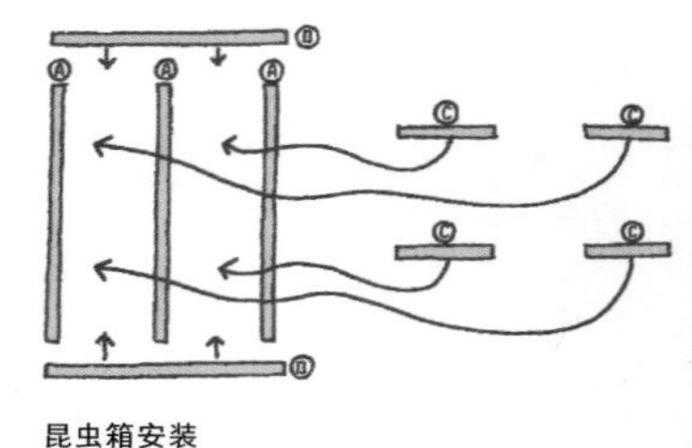

昆虫箱安装

成品类似一个小置物架，其中有 6 个格子。可用胶水粘合隔板，也可用钉子和锤子固定。

② 在格子里填充不同的材料

其中两个格子放上中空的植物茎，形成大小不同的孔径，比如稻草、竹子、接骨木等；在一个格子里放一段木头，上面要钻一些直径不同（2~7 mm）的孔；在一个格子里放上几小捆树枝；在另一个格子里放一块空心砖；最后一个格子放一块土，要先把它打湿，晾干后再放进去。

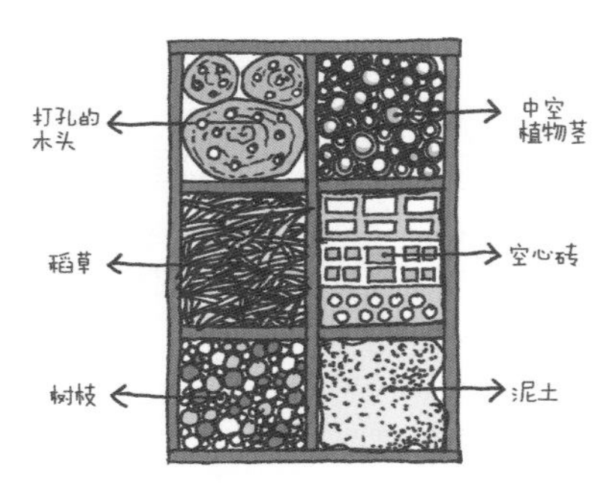


昆虫箱材料

除了上面这些材料，你还可以填充松果、稻草等多孔材料，目的是能让各种昆虫钻进去，让昆虫们能够在孔洞或材料缝隙里过冬。

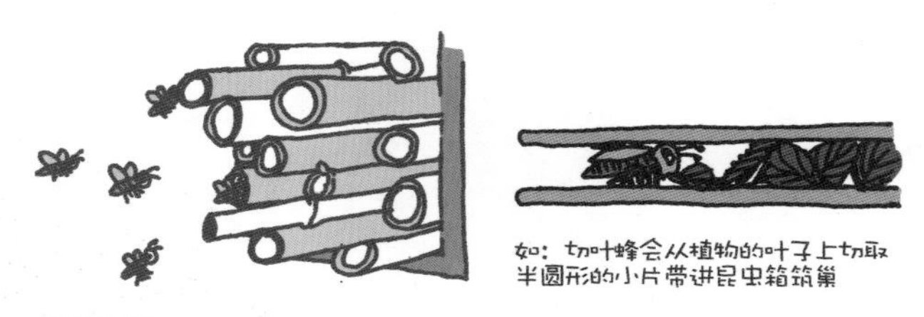


昆虫箱原理

把昆虫箱固定在墙上，立在地上或者挂在一棵树上，方位最好朝南，暖和且受风的影响较小，然后就可以等待昆虫入住啦。

工具：木板、锯子、胶水、钉子、锤子、填充材料、手套。
时间：如上图的昆虫箱需要一个成年人工作 4 小时。

（2）魔法门

利用树枝在花园入口制作一个魔法门，也许会成为这个花园的标志性入口。做法步骤简单，关键点是将两侧的树枝（树干）深深插入泥土中固定好，防止倒塌。

魔法门

工具：废旧树枝、麻绳、手套、剪刀、锯子。

时间：一个 2 m 左右高的魔法门需要一个成年人工作 10 小时。

（3）美丽的装饰物

马赛克、木块、树枝……随手可得的不起眼物件可以在你们手中化腐朽为神奇，成为花园中的一个个小精灵。你通常需要胶水、画笔、颜料等简单的辅助工具即可完成。

装饰物

工具：木块、松果、树枝等园林废弃物，胶水，剪刀，锯子。

时间：一个小装饰需要一个成年人工作 1 小时。

## 5.3.3 太阳

（1）温室

对于很多冬天气温低的城市来说，在花园中有个小温室可以帮助那些喜温暖的植物安全越冬，并能作为点缀为花园增色不少。你可以用废弃的旧门窗作为材料，打造个性精致的小温室。

温室

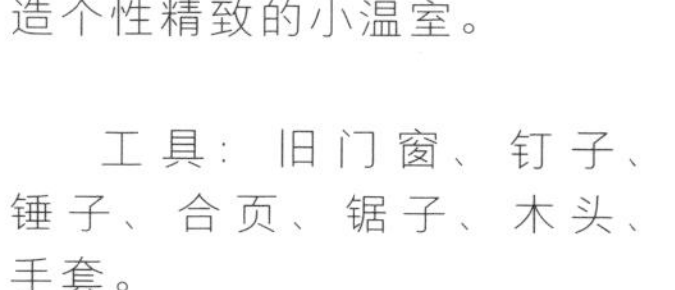

工具：旧门窗、钉子、锤子、合页、锯子、木头、手套。

时间：一个 1 $m^3$ 左右的温室需要一个成年人工作 10 小时。



（2）太阳能灯

太阳能装饰灯在晴天充分吸收阳光，夜晚成为点亮小花园的一道风景线。通常需直接购买成品，但如果动手能力特别强，也可亲自组装更具个性的太阳能灯。

太阳能灯

恭喜你，你的社区花园到这步就差不多全部完成啦，你可以尽情享受身边的自然，也可以继续把你的新点子和美好想象变成实际，在现有基础上对社区花园进行丰富和补充。

但对于一个可持续的社区花园来说，这也许只是开始。美丽的社区花园想要保持美观、有人气，需要社区居民一起努力，继续加油吧！

# 6

# 社区花园维护

# 第六章
# 社区花园维护

“三分种 七分养”花园的维护考验着你的技术，给予合适的养护，花园会回馈你意想不到的惊喜。

更新
花园植物
收获
流水
种子保存
善用资源
杂草管理

建成社区花园之后，你可能已经体会到了挥洒汗水所带来的成就感。接下来，照顾好社区花园，让它保持活力，会为更多的人带来乐趣。在维护工作开始之前，你需要保持一个良好的心态，并开始用全周期系统的视角为花园思考：

- 遵循自然规律：花园时时刻刻都在变化，而你要做的就是欣赏花园的变化，并适应这种变化性。不管是从书本习得，还是通过自身摸索发现的自然规律都将帮助你以最小的付出收获最大的回馈。
- 安排少量多次的工作：照顾花园，也是花园工作者间的交流。通过短暂而频繁的工作节奏，及时发现花园中的问题，使花园保持健康的状态。
- 利用本地资源：巧妙利用场地现有资源可以为维护过程节约大量时间与精力，并取得事半功倍的效果。



接下来，请你充满信心地应对花园维护过程中出现的种种问题。我们将从善用资源、维护花园以及设施更新三个方面展开，讲述社区花园维护过程中可能遇到的问题，你可以提前做好准备，自信地完成维护工作。当然，每个社区花园都是独一无二的，所以你也可以灵活调整自己的方案。一起来试试吧！

## 6.1　善用资源

我们常常会觉得花园的维护需要投入大量的人力和物力，于是便渐渐地失去了对花园的喜爱。但反过来想想，倘若从身边的资源做起，善用一些来自大自然的馈赠，是否可以减少自己的负担，从而将更多的精力放在享受花园上？

### 6.1.1　土壤管理

在前期我们已经学习了如何改良土壤，然而随着时间的流逝，土壤健康状况会下降。此时可以利用在花园营造过程中制作的各种有机肥料来进行追肥。在这里我们推荐 3 种最简单的做法，适用于绝大多数户外花园，即使是初学者也能轻松掌握。

**几种不同的土壤管理方法**

| | 使　用　量 | 施用部位 |
|---|---|---|
| 酵　素 | 稀释 500~1 000 倍 | 土壤或叶面 |
| 厚土栽培 | >50 cm（厚度） | 更换植物重新栽种处 |
| 堆肥土 | 可以和土壤混合 | 植物根系外侧的土壤上 |

Tips:

厚土栽培的厚度可以根据环境进行调整。堆肥土上不要忘记做好覆盖工作。



施肥的关键在于观察植物是否获得了充足的养分，而观察叶片颜色是一个很好的办法。当新叶过小且偏黄时，表明植株缺少养分，此时你可以适量追加一些有机肥。不同生长阶段的植物所需养分的量不同，一般我们会在生长季以及收获之后进行追肥。

切记，不要过度施肥。

（1）酵素

酵素水可以说是最为方便使用的肥料了。你需要做的仅仅是将制成的液体稀释 500~1 000 倍，将其喷洒于植株周围。每周 1 次的频率就能够提供植物生长所需的营养，浓度过高或者频率过高都会直接导致烧苗。

（2）厚土栽培

初次培育的土壤养分耗尽，表现为土壤下沉、植物长势较差，这时候你可以选择在局部再次进行厚土栽培操作：

- 选定一块植物最少、有待改善的区域。
- 根据需要，将植物移植或作为堆肥材料。

- 进行厚土栽培改良。
- 后期在其他区域情况变糟时进行重复的操作。

这使花园处于更新变化当中，并能保持土壤健康。

（3）堆肥土

堆肥土是一种腐熟土，具有优质土壤特有的清香与些微潮湿，是花园中优质的肥料。由于堆肥土含有大量的氮肥，我们推荐将其直接加在根系外侧的土壤上方，促进根系的生长。堆肥土可以长时间保持肥力，非常适合生长周期较长的植物。

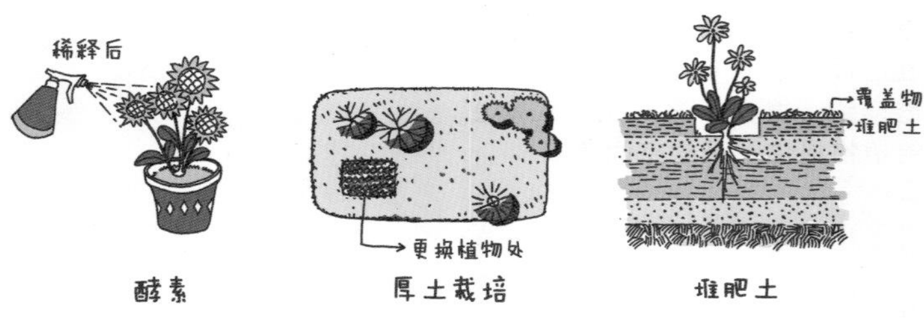


**几种不同土壤管理办法示意图**

## 6.1.2 水分管理

“水是生命之源”大概是每个人都熟知的箴言。花园里的各种生命都依赖着水分的补给。花园管理者除了可以在前期合理设计地形以汲取大自然中的水分外，还可以采取适当措施减少水分蒸发，还需要下面这份“雨水管理秘籍”。请记住，要从植物的角度考虑水分需求。

（1）浇水时间

你可能遇到过这样的情况：虽然自己坚持每周浇一次水，植物却依然没能坚持过春天。为什么如此悉心照料却仍然养不活一株小生命呢？准确掌握浇水时机需要你学会判断植物是否处于需水的状态。通常情况下，当土壤变得干燥，植物枝叶出现轻微的枯萎时，就说明植物需要水分了。植物是一个生命体而不是没有生命的机器，对水的需求不会是一个固定的周期。

另外，水温与土温的差异也造成了不同季节浇水时间的差异。水温变化比土壤温度变化快，因此在炎热夏季水温较高，需要选择在清晨和傍晚浇水，可以帮助水分更好地渗入土壤。而在冬天，由于水温低于土温，则适宜在上午 9—10 点或者下午 2—3 点为植物浇水。

（2）浇水量

浇水的量要充足。停留在表面的浇水会让植物根系习惯性地停留在土壤表层，失去向下生长的原动力。而频繁地浇水会使土壤过湿、滋长霉菌，容易导致根系腐烂。“见干见湿（浇水时浇透，到土壤快干透时浇第二次水）”让水分充分地浸透土壤，能给植物提供呼吸的空间。

不同浇水量对根系影响对比图

（3）浇水位置

你可能未曾留意过浇水位置对植物的影响，但仔细思考一下植物吸收水分的过程你会发现，水分渗透入土壤后才会被植物吸收。在浇水时需要注意，植物通过土壤这个介质来吸收水分，所以要给土壤而不是植物浇水。

另外，要留意不同植物对水分的需求存在差异。只对缺水的植物给予充分的水分，不需要对所有植物大水漫灌。

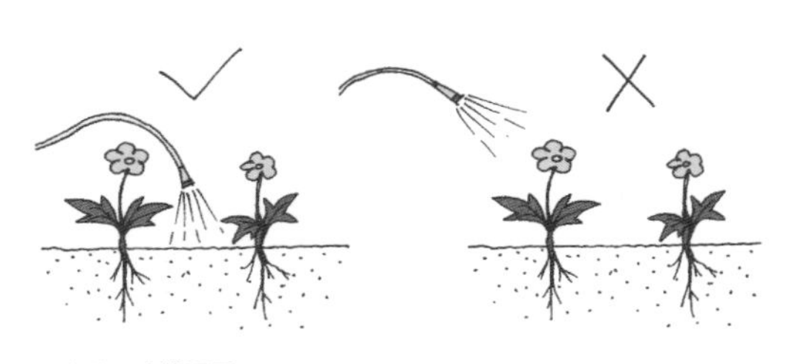

浇水的正确错误图

## 6.2 维护花园

良好的土壤与适当的水分给花园提供健康的生长环境，然而对于植物而言，还有更多季节性的工作需要注意。



### 6.2.1 支撑

对于多数刚种下的植物，支撑必不可少，因为刚种下的植物根部没有很好的抓力，遇到大风天气，容易被吹倒。在实际的种植中，需要支撑的主要是灌木、乔木、藤本及少数草本植物，主要使用支撑的材料为竹子、树干、钢索等。具体的支撑方法如下图。

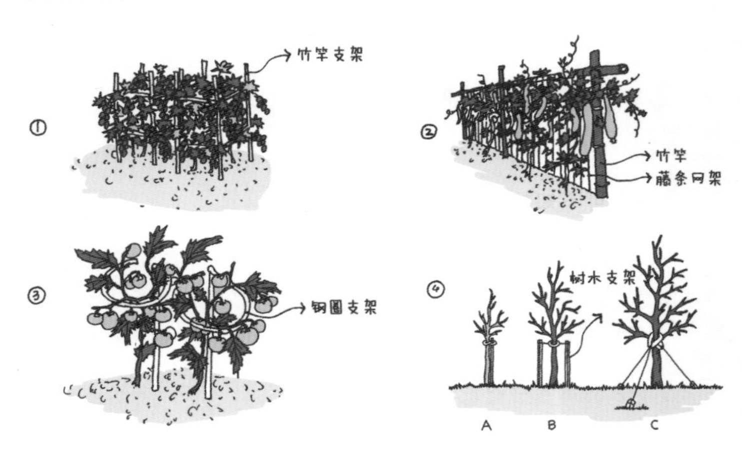


支撑的方式

以上几种支撑方法对于常见的社区花园植物都非常实用，第一种主要固定一些低矮易倒伏的蔬菜；第二种可以牵引并支撑一些爬藤类植物；第三种可以固定单株植物，可根据植株的高度进行选择，甚至可以对一些盛花期花朵较重的植物进行特别固定，防止花枝因承重直接断掉；第四种主要是树木移栽后的支撑，主要是竹竿、树干、钢索等，小树一般只需要一个柱子支撑，用绳子或者钢丝绑牢，稍大一点的树木需要用两到三根柱子支撑并固定，比较大的树需要用钢索三角拉紧固定。

### 6.2.2 修剪

植物在生长的过程中会不断开拓自己的领地，这是一种非常明显的生存竞争。当然，这对于一个花园来说，总是一件让人头疼的事，相互之间的挤压势必造成一方生长强势而另一方生长弱小，遮盖或者无规则地到处乱长既影响美观，也会造成原有活动场地的缩小。因此，这时候需要对植物进行修剪，使得这些植物恢复相对比较饱满丰富的状态以及活动场地拥有明显的边界。



修剪除了让植物造型美观，也是保持植物活力的手段之一。生长期的修剪，可以让植物保持一个非常茂盛的生长势；而花期过后的修剪，则可使养分集中，促进新的枝芽生长，利于下一次的开花结果。此外，如果枝叶太茂密会造成植物丛内通风不畅，很容易滋生病虫害。因此，修剪在促进分枝、开花、结果的同时，还能预防病虫害。

**几种不可不知的修剪方法**

（1）要剪对位置

修剪最重要的就是要剪对位置，才会达到促进分枝生长的目的。修剪的位置通常在有分枝的节点上方，也就所谓的芽点，让新芽可以直接萌发。

（2）要选对季节修剪

修剪时机必须选在植物的生长期，修剪完后，可及时补充养分（肥料），以保持植株比较强盛的生长力。大多数花草不需要

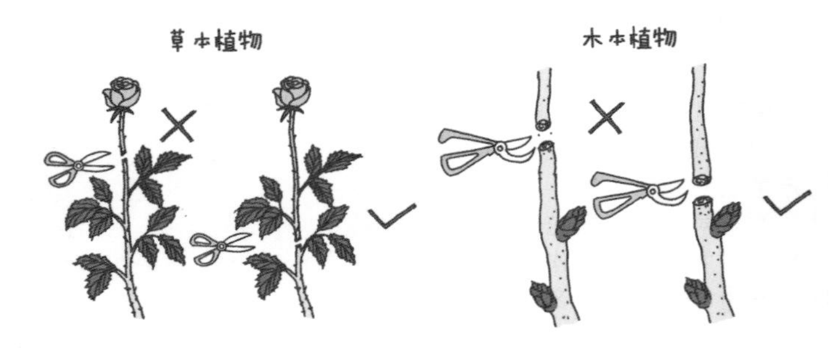


修剪位置图

按照季节修剪，视植物生长情况适时修剪。落叶植物主要在秋冬季休眠期进行修剪，尤其是大多数果树，秋冬季修剪最为适宜。



（3）病虫害枝叶及时清理扔掉

有病征的叶、茎一定要修剪掉，以免危害扩大，修剪下来的枝叶直接扔掉，否则上面的病毒或虫子仍能借助风做媒介传染到别的植物上。

（4）观花植物要及时摘除残花

如果是观花的植物，在不需要采收果实的情况下，花朵凋谢后及时清除残花可有效减少植株因开花消耗的养分，同时也能促进分枝的生长和延长花期。

（5）观叶植物可修剪掉老叶、枯叶

大多数观叶植物不需要修剪，顶多剪除老化的枯枝、黄叶，或按原有叶形修掉焦枯的叶尖。另外有茎的种类，可以修除抽高的嫩茎部分来抑制高度、增加分枝。

（6）树木枝条细长要矮化

有些木本植物在长叶开花前只有一枝细长直挺的枝干，如果不修剪的话新枝会继续长，树型会显得细长而单薄。所以，将主枝及分枝都修掉，降低高度，等枝叶生长后，整体比较饱满优美。

### 6.2.3 杂草管理

杂草属于我们主观判断的一种笼统归类，它对于人类活动和生产的区域来说是不受欢迎的。但是，这些所谓的杂草在其他的地方可能因为可入药、食用、观赏等用途，或不产生威胁，而不被视为杂草。在社区花园中，你其实可以将杂草定义为土壤的守护者，因为它们常常作为一片遭受破坏的土地最重要的先锋，杂草的出现，可以证明这片土地开始恢复。

（1）杂草的管理策略

杂草的防治，要结合社区花园现状进行考虑。传统的杂草防治实际上就是直接喷洒除草剂让杂草枯死，但这也会带来一系列的环境问题，它们本身长期的效应并未得到充足的证明，有些元素会在土壤中富集，通过食物、水源影响人类健康。



当你对土地有了更多的认识，就一定能发展出有效的防治策略，这时你就不再需要使用除草剂。在我们的社区花园中，杂草防治可以尝试以下几种办法：不断增加覆盖物，让杂草没有太多的生存空间；频繁地砍修杂草并栽植更加稳定的本土植物，增加这片土地的植物多样性；在杂草种子形成前不断移除种子、改变环境等。

（2）如何对待入侵物种

在对待入侵植物的态度上，必须坚定清除，尽可能地消除它们对本地生态的影响。

什么是入侵植物？其实就是某种植物可能因为观赏性、食用性、抗毒性等功能被人类引入到一个新的环境里，最后不受控制在当地发展成一定数量，以至威胁到当地的生物多样性，成为当地公害，这样的植物就可称为“入侵植物”。比如在上海，我们经常见到的水葫芦、空心莲子草（水花生）、互花米草、加拿大一枝黄花、三裂叶豚草、大薸、红花酢浆草等，都具有极强的侵占能力，不断将其他植物的生活空间挤占覆盖，直至完全替代。所以，我们需要深度了解该植物可能的入侵路径，以及它对当地生态最主要的影响，具体的清除方法参考杂草的几种清理办法。

### 6.2.4 病虫害管理

在过往的病虫害管理中，人们通常都是使用农药，这造成了严重的土地污染，威胁着我们生活的健康。尤其是这些化学农药直接通过水循环进入我们的生活用水中，还有大量的农药残留随着食物进入我们的身体，长此以往，我们将面临更加严重的农药污染问题。同时，使用大量农药直接破坏了生物多样性，使得一个地区的生态系统出现断链而崩溃。实际上，只要我们认真观察我们的花园，自然而然就能发现它独特的运作方式，并从其中找到一套整合式病虫害管理方法。这实际上就是维持一种动态平衡，使植物与动物、甚至微生物之间达到一个可持续的平衡状态。



整合式的病虫害管理主要从 4 种策略入手：模仿自然的耕种技术、效仿自然界的生物多样性、人工除虫、天然驱虫剂。通过这 4 种顺应自然的基本策略，可以将我们花园的土壤变得更加健康，花园本身也能实现不使用农药的管理方式。

（1）模仿自然的耕种技术

模仿自然的耕种技术实际上是为了让群落生长演替后能达到稳定状态，这样可以使我们的花园达到一种平衡，然后大大提升抵抗力。模仿自然的耕种技术主要的特色有：

- 提供很多小水池给青蛙、鱼类和蜜蜂等；
- 提供食物给昆虫或动物，如绿篱植物的花朵或果实；
- 把香草植物与蔬菜混合栽种；
- 利用植物和土壤形成拦阻与屏障，妨碍害虫的繁衍与迁徙。

多样化耕种控制方法，可以降低害虫大规模发生的概率，同时也能改善花园的整体环境。你的花园如果是一个完整的生态系统，就具备相对丰富的自然生物种类并能达到一个稳定平衡的状态。在模仿自然的耕种技术里，我们常常使用到的策略主要有以下几种：

① 牺牲作物

通常在容易遭受某些害虫危害的作物旁边种植一些特定的植物用来诱骗这些害虫去取食，从而降低我们需要的目标作物被危害的程度，例如可以用万寿菊、油菜来引诱土壤中的线虫、蚜虫等。

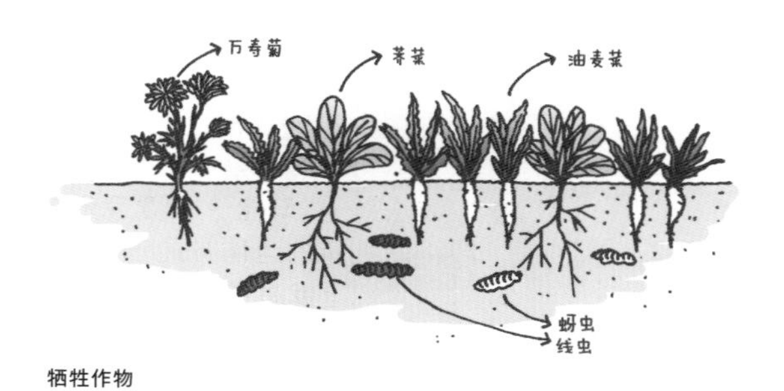


牺牲作物



② 选择不同类型的植物

植物本身会有不同的特性，大多数植物都有自身一套防御系统，可以阻碍昆虫取食它们。比如一些植物会有较强的毒性，有些植物密布小刺，这些都是植物不断进化过程中表现出的防御性。所以在种植中可以考虑选择多样化的植物，丰富的植物所形成的生活群落具有较高的抵抗性，能够减少害虫的危害。尽量选择本地的植物种类，这些本土植物对于本地的气候、温度、光照等都有较强的适应能力和抗病虫害能力。

丰富的植物结构

③ 轮作

轮作避免土壤中的病虫害扩大。在同一块地上通常不适合连续种植同一种作物，这样会使得上一年种植作物残留的病虫害又重新获得合适生长扩繁的机会，从而大面积爆发。

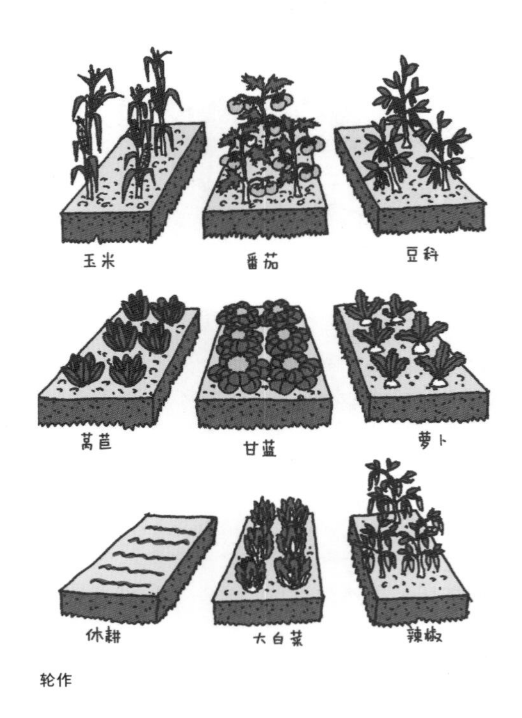


轮作

④ 共生关系

间隔种植不同种类的作物，因为不同的颜色、气味、形状有相互遮蔽的效果，可以减少病虫害发生的机会。植物之间的共生关系，就是它们本身的特性决定它们能够相互利用、相互协助，如艾菊、薄荷、艾草、迷迭香、鼠尾草、薰衣草、青蒿和月桂之类的香草植物和伴生植物，都可以与蔬菜混种，能够有效减少害虫。

共生植物配置图



（2）效法自然界的生物多样性

这种策略主要是为了更好地营造出一个健康完整的食物链，让花园具有一个相对完整的生态系统。在这个空间里的动植物能够相互制约、相互发展，保持一个非常稳定的平衡状态。当然，这个空间主要是为了吸引掠食者的到访和停留，减少作物被害虫危害的机会。

营造一个生物多样性丰富的群落主要满足三个条件：水源、食源，以及庇护所。当然你也可以通过饲养家禽来控制害虫，它们在花园中的角色就好像食物链顶端，主要控制着各种昆虫的数量。我们打造这样一个环境需要通过以下几种策略：

① 让花园成为昆虫动物园

一个运作良好的花园就应该是一个物种丰富的生活空间，大量的昆虫存在表明你的花园具有一个非常系统的食物链，这些昆虫相互之间通过竞争或捕食即能达到一种平衡。最直观的是看看你的花园里蜜蜂、胡蜂、熊蜂等是否热闹，这些小昆虫对农药非常敏感，任何一种药剂都能杀死它们，因此它们的存在表明你的花园虫害得到了有效控制。昆虫是花园主要的传粉者，它们对于植物的繁衍有着不可替代的作用。

② 种植吸引鸟类的食源性植物

鸟类是昆虫主要的天敌，每一只鸟都能捕捉大量的昆虫，它们能够有效控制昆虫的数量。因此，在花园中我们需要想办法吸引更多的鸟类到访和停留。多种一些鸟类喜欢食用的植物是非常好的选择，此外需要为它们准备不同类型的水源，如池塘、喷泉、鸟浴盆等，同时也要为它们营造适合的隐蔽所。

（3）人工除虫

人工除虫对于植物来说是最为友好的方法，在减少害虫的同时，几乎很少对植物本身产生影响。主要的方法有：设置障碍物或隔离带，也可利用硬纸板或塑料瓶等插入土中围住植物幼苗，做成一个保护圈保护植物免遭昆虫啃食；还可制作一个能让昆虫上当的陷阱，如暗藏黏胶的小盒子、可淹死昆虫的液体容器、具有挥发性香味的诱饵等，这些都可以让很多昆虫自投罗网，对于很多趋光性的昆虫来说，在夜间设置一盏灯，底下放置盛水的容器，这样就让夜晚趋光性较强的昆虫直接掉入水中淹死。针对一些危害能力较强的害虫释放大量不能生育的雄性昆虫，可以降低整个种群的繁殖状况，达到控制数量的目的。



**不同天然驱虫剂的原理**

| 配方 | 除虫原理 |
| --- | --- |
| 大蒜汁 | 捣碎的蒜泥像浆糊一样涂抹使用，对于小型、身体柔软的害虫很有效 |
| 辣椒汁 | 辣椒具有较强的刺激性，对一些昆虫如蛞蝓、蜗牛等非常有效 |
| 酵素 | 使用日常的厨余做成的酵素可以很好地改善土壤环境，影响一些昆虫繁殖 |
| 苦楝喷剂 | 蝗虫不喜欢这种带有苦味的树木，这些树也能破坏昆虫的内分泌平衡 |
| 天惠绿汁 | 利用艾和水芹菜等植物集中发酵后的汁液，可以为花园植物提供营养，同时能够调节土壤环境，增加有益微生物，提高植株的抗病虫害能力 |

前面已经提到化工合成的驱虫剂会对土壤造成污染，所以在花园中可以尝试使用一些天然驱虫剂作为替代，这些天然驱虫剂最主要的特点就是：有机容易分解，无重金属污染。当然这些天然驱虫剂可根据花园正在发生的病虫害情况进行 DIY，以上表格中即为常见的几种天然驱虫剂。

### 6.2.5 收获

收获蔬菜或水果没有特定的方法，只需要及时关注植物的生长、了解植物的生长周期、根据植物的成熟情况（是否可食）择时收获。一般而言，蔬菜类的收获可以直接横切地上主茎靠近根部的位置，少数采收叶片，但这样会使得残留的根系继续留存在土壤中，烂掉会诱发一些土壤的致病菌。因此，在蔬菜的收获中尽可能将蔬菜整株拔除，再切割掉带土的根系部分，这些根系可以用来制作堆肥。一些可以多次收获的蔬菜一般收获时只需要收获鲜嫩或成熟的部位，继续保留它的主茎继续萌蘖产生新的枝条和果实，如红薯叶、韭菜、芦笋等。

如果我们收获的是果实，如多数水果和西红柿、茄子、豆角、黄瓜、丝瓜等蔬菜，收获方式很简单，只需要用剪刀剪断果实与主茎相连的果蒂即可。当然在采摘的过程中尽量不要伤害主茎，尤其是带有花芽的主茎或分枝，这些枝条依旧具有强势的生长力并且孕育着美味的果实。

收获是让人最有成就感的一件事，可以通过组织活动让大家参与收获，并利用这些食材制作成美食，最后将这些东西分享出去，对应的活动主题类似于：美食齐分享、花园美食 Party、厨艺大比拼、美食 DIY 等。通过活动的形式，可以激活社区的公众力量，让更多的社区居民更有归属感并积极参与到种植的过程中来。

### 6.2.6 种子保存

种子的保存对于我们花园后续的更新极为重要，这是我们花园实现自我生产的重要环节，而且我们在这个过程中可以保留下更多的原生种。这些原生种在不断地适应之后，已经在花园中表现较为理想的状态，抗性较好，稳定性高，这些都将有利于我们打造低耗的花园。同时，留存的种子可以通过分享，让更多人了解原生种的重要性，更加有利于推广原生种的保护。

**种子图书馆**

种子采收之后，在播种之前必须要经过妥善的保存，否则不但发芽率会降低，所长出来的植物有可能会表现出不良的性状。影响种子健康的因素主要有以下 4 个：种子的原始状态、种子含水量、储藏温度、储藏时间。因此在种子成熟后，及时完成采收，保证它较为原始的状态，然后进行处理后储藏。

刚刚采收的种子含水量较高，初处理种子时的温度不宜过高，保持在 35℃以下，用干燥的风来吹干种子。种子的再干燥及包装储藏需要根据是否继续使用播种的情况来决定，若很快就要用于播种，可作相对简单的处理；若需保存较长时间，则需要认真细致地处理种子。

（1）干燥的方法

① 太阳光晾晒

直接将种子放在平整的地面或容器中摊平晾晒，这样做的好处就是省时省力，也是传统的种子干燥方式；这样做的坏处就是种子容易失水过多，尤其对于含水量较高的种子发芽率将会被降低。

② 风扇吹干

将种子放置在干燥通风的室内，选择阳光充足的天气，用风扇引入室外干燥的空气进行风干。

③ 草木灰干燥

对于含水量较高的种子，前面几种方法都不太适合。古人使用草木灰来干燥这类种子，因此我们也可以选择草木灰来干燥含水量较高的种子。

 **Tips:**

**种子一般干燥到含水率为 5%~13%。**

（2）包装与保存

经过干燥后的种子可以装入麻袋、厚纸袋中，此时种子的含水率会随着空气的湿度变化而变化，因此需避免放在潮湿高温的地方；很干燥的种子务必装入铁罐、陶瓷罐或者玻璃罐中，并且盖紧盖子，外边用胶带密封，最后贴上标签，标签上标明种类、采收日期等。

**种子储藏**

## 6.3 设施更新

花园中设施损坏时，你需要及时寻找替代物，以维持花园的观赏性和使用功能。

### 6.3.1 覆盖

在前几章我们已经了解到覆盖物对于水土保持的重要性。花园维护过程会在一定程度上导致覆盖物的流失，记得随时保持花园覆盖完整。

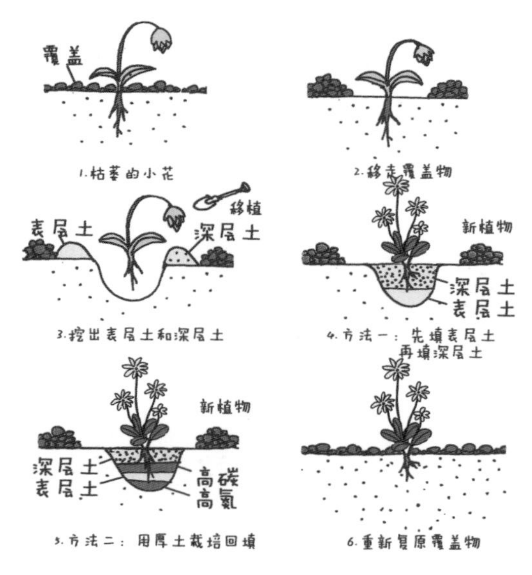


**更新植物时处理覆盖**

当然，覆盖物的材质选择一定程度上决定了为花园增补覆盖的频率。因此，你可以根据自己的精力与花园美观性需要，选择适合自己花园的覆盖物。在此基础上我们更推荐你利用现有材料进行覆盖。

不同覆盖材料特征表

| 材料名称 | 特点 | 适合区域 | 持久时间 |
| --- | --- | --- | --- |
| 树皮 | 颗粒大，养分释放慢 | 适合大型乔木 | 较长 |
| 研磨树皮 | 颗粒小，养分释放较树皮快 | 适合多年生草本 | 中等 |
| 果壳 | 颗粒较硬，难分解 | 适合大型乔木 | 长 |
| 小青石 | 可渗透水分，无营养价值 | 喜干植物及道路 | 长 |
| 腐熟木屑 | 颗粒小，富有养分 | 特别灌木与乔木 | 中等 |
| 稻草 | 质地中等 | 菜园或大型草本 | 中等 |
| 落叶 | 颗粒小，容易获取 | 适合菜园与乔木 | 中等 |
| 草屑 | 重要的氮源，养分释放快 | 适合菜园或灌木丛 | 中等 |

注：表格提供的持续时间仅做参考，实际使用情况会根据使用频率与材料质量发生浮动。



## 6.3.2 其他更新

（1）选用合适的材料

当某个硬件再三发生损坏的时候，你需要思考该材料是否适合该区域。此时选用其他材料或许是个不错的尝试。

（2）利用二手材料

花园的更新时常发生，当出现损坏时才开始考虑修补通常会面临“无米之炊”的难题。因此，在平时适当存储常见的二手材料作为更新的备用品是个很好的习惯。

# 7

# 社区花园管理

居委

# 第七章
# 社区花园管理

建立一个花园并不是难事，真正的挑战是如何召集更多的小伙伴和你一起共享花园，如何让这里从一处精致的空间（space）转变成社区热门的场所（place）。当花园和社区的关系越紧密，花园的生命力也就越持久。

到目前为止，你已经具备了成为一个优秀园丁的良好素质。同时你可能也已经意识到，维护好一个社区花园，需要长时间的悉心照料。当你势单力薄的时候，最好的办法就是找几个好伙伴，加入你的社区花园。当然，在社区中，你可能面临诸多困难，不知如何找到你的同伴。不用急，掌握两大原则会帮助你更好地管理社区花园：

- 照顾你的伙伴：社区空间营造的过程，也是社区凝聚力营造的过程。社区伙伴的加入，多半是源自他们的热心。即使他们在技巧上不熟练，你仍需要肯定并支持他们，为他们增加能量。
- 分享你的收获：在合力对社区进行维护管理的过程中，社区伙伴的加入为整个花园增添了活力，你们可能会产生特殊的友谊，变得极其亲密。别忘了将收获的果实分享给路过的人和在花园停留的小动物们。说不定，他就是你的下一个伙伴。

本章将以上海某个已建成社区花园（下文将以百草园为代号）为案例。讲述一个普通社区花园的管理过程。或许你可以从中找到一些灵感，建设属于自己的社区花园管理队伍。

该社区花园占地 200 m$^2$，位于小区主通道一侧。该社区花

**百草园运营实景图**

园以街道牵头出资、同济大学景观学系设计、四叶草堂提供运营管理支持、居民共建共享的形式完成。

社区花园管理少不了各方人员的参与。有效的人员管理是后期维护管理中的一个重要环节。不同社区花园发展过程各异，因而对社区力量储备提出了不同要求。多数的社区花园在维护过程中基本会经历以下 3 个阶段：聚人、育人、励人。这 3 个阶段可能会同时在社区中发生。

你可能遇到的困难有：

- 小区居民间感情较冷漠，缺少交流。
- 活动现场秩序较乱，无法达到预期效果。
- 居民缺少对花园管理的了解，难以做好社区花园的相关工作。
- 居民对社区营造缺少认同感，参与人数少。
- 参与人员流动性大，难以持续开展工作。
- 社区队伍人员固定，少有不同年龄、不同职业、不同层次的人群加入。

好了，明确了困难之后，来逐个击破吧。



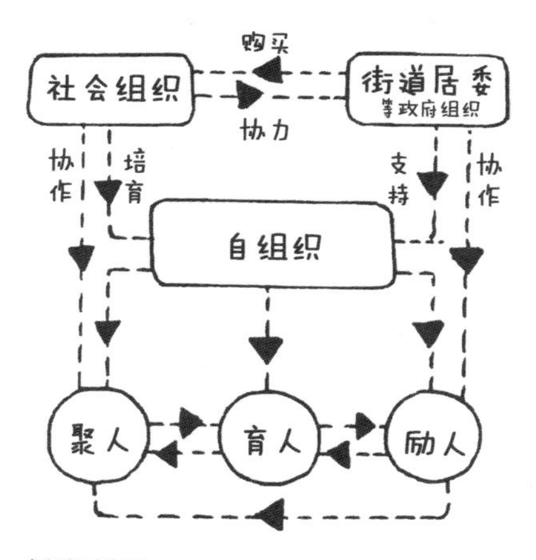


自组织成长图

# 7.1 聚集你的同伴

## 7.1.1 社区调查

如果在前期调查时忽略了对社区文化的了解，此时你需要补充了解一下小区内住户的组成，包括年龄构成、邻里关系、社区文化等。这些信息很大程度上将为你指明未来的伙伴在哪里。在此基础上，通过直接或间接接触社区人群，你还能进一步了解到社区的运作，并倾听到多数生活于此的居民最迫切的需求。这项前期工作看上去枯燥无味，却是后续工作开展的基石。

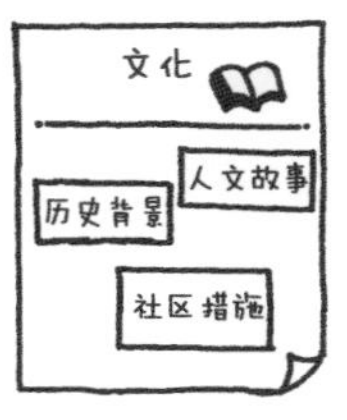

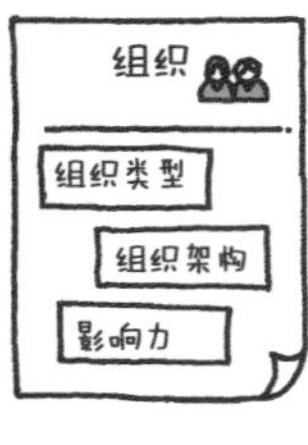

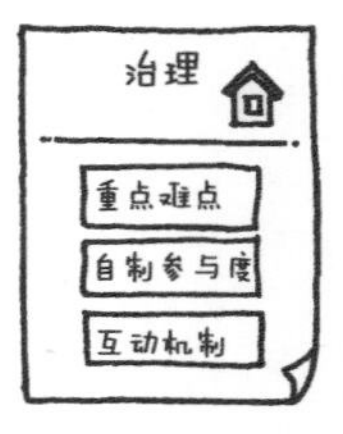


社区调研内容分类

## 7.1.2 寻找目标人群

在初始阶段，大部分的工作将和社区花园的维护紧密联系，给你一个小妙招：观察小区中的家庭阳台。通常美丽的阳台背后都隐藏有一位“园艺达人”，能够吸收他们成为你的伙伴那是最好不过了！同时，你也可以尝试借助居委或社区内其他具有号召力的组织的力量，召集园艺爱好者，进而通过交流彼此的种植经验来激发他们的兴趣，最终将这些人留在社区花园中。

汇报计划

当然，在接触这些“园艺达人”或居委等其他负责人的时候，你需要将你的目标计划、组织内容、成功案例等展示出来，使对方能够充分了解你的想法以及社区花园为小区居民带来的益处，从而获得更多的支持。

假如小区居民之间互动偏少，难以得到他人的支持，你也不用感到无助。在前期调查中你已经了解到了大部分社区居民的需求，这将会是一个很好的切入点。努力针对这些需求做一点改变，可能会在不知不觉间为你带来一些支持者，毕竟谁不希望自己的生活更美好呢？

**发现阳台**

从 0 到 1 的过程难度很高，请做好足够的心理准备并保持足够的耐心，积极地与社区的居民交流，并且特别留意这些人中是否有：

- 其他组织的负责人。
- 经济基础良好，拥有良好人际关系的居民。
- 积极参加居委活动的党员、楼组长。
- 其他社团的成员。
- 经常在小区公共空间内停留的人（如果小区内已有一个中心花园 / 广场）。
- 阳台常年绿意盎然的住户。

这些人很有可能会在未来极长一段时间成为你的伙伴，投入到社区花园的管理中来。

## 7.1.3 建立发布平台

线上交流具备简便、快捷的特点，在初期人数较少时能发挥其优势。你只要通知大家计划活动的时间、内容等信息，并在初次活动时与大家一起讨论确定今后活动的频率即可。原则上每个人都需要严格遵守。

当队伍逐渐扩大、有意吸收更多人参与时，招募平台的拓展便显得尤为重要。常见的发布方法有：

- 张贴海报。
- 宣传页。
- 微信公共群。
- 社区通。



借助现有公共平台发布能让更多人看到你的信息，也有更大的机会遇到志同道合的伙伴。当然，你也可以选择单线联系每一个潜在的伙伴，向他们详细解释你未来的计划。这种方式可以让每一个加入组织的人更加明确你的理念，当然也需要你投入更多的精力。

## 7.1.4 制作发布内容

在进行社区动员的时候，如果能带上一张宣传海报，通常会极大地减少重复工作。海报的形式不拘，你可以邀请社区内具有绘画才能的人帮忙，绘画能帮助匆匆路过的行人快速了解海报的主体内容。当然即使是不懂绘画的人也可以制作一个基础款海报，你只需要保证海报能够体现出：

- 建立社区花园管理队伍的原因。
- 社区花园管理的活动内容。
- 加入管理队伍可能的收获。
- 社区花园活动的频次。
- 如何加入你的队伍。

 Tips:

一份图文并茂的社区花园招募海报更容易引起居民的关注，而兴趣是最好的老师。

## 案例介绍

以百草园为例，其属于20世纪60年代建造的密集型居住区。小区住户以长居于此的老年人为主，其中60岁以上老龄人占比23.5%。经过调查发现，小区内已存在自发组织的园艺自治社团，园艺爱好者较多，能在小区里的阳台、入户绿地中看到不少传统农业和家庭园艺的痕迹。这批有意愿、有热情、有能力为社区花园出力的人被组织起来，加入到社区花园管理的队伍中，成为后期活动的中坚力量。

花友会日常交流

小小志愿者参加活动

而在社会组织加入后，通过一系列的活动逐渐培育起一支由儿童组成的小小志愿者队伍。孩子们往往在假期、课业之余参与到社区花园的维护与更新中，成为社区花园的假日新力量。

## 7.2 培育参与者

在拥有数名参与者与明确的参与制度后，你已经可以开始组织各种培训活动来对这些参与者进行培训。结合多数参与者的兴趣爱好，组织自然教育或者社区营造的主题培训，能够帮助居民逐渐具备管理社区花园的技能。这种专业化的培训过程为居民提供了交流机会，同时也方便你进一步挖掘社区里的达人，让居民去影响自己身边的居民。慢慢地你会发现，你们的能量越来越大，甚至开始有能力推进整个社区的改变。此时你会由衷地认为，居住在这个社区多好，有这些伙伴真棒。

如果你觉得自己能力有限，也可以借助社会组织来帮助你提供活动内容和组织服务。社区花园是你和伙伴们产生相同生活方式的空间载体，也是你们维系感情的基础。活动的举行主要是为了：

- 加强社区花园的可观赏性。
- 回应社区居民的需求与对社区发展的愿景。
- 为社区居民提供更多样的生活方式。





### 7.2.1 常见活动类型

培育参与者的过程极有可能是相当漫长的。目前，我们将社区花园的活动分为两大类，一类是知识技能的培训类课程，另一类是社区交流的培育类活动。两者侧重点不同，前者更倾向于技

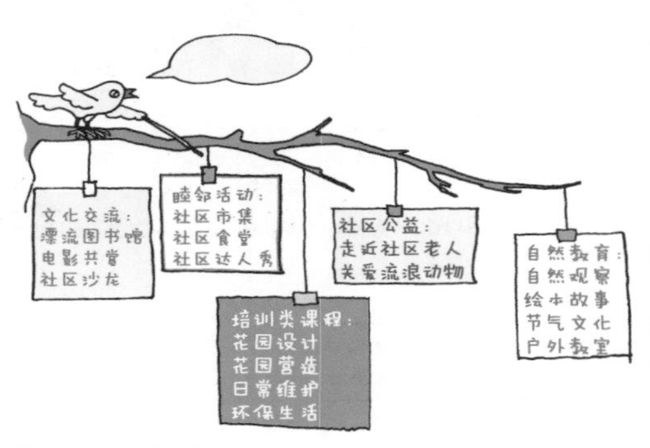


社区课程及活动分类

能的输出，而后者则注重社区居民的感情联系。不管是何种形式的活动，你需要时刻铭记：真诚是彼此建立信任的第一步。在培育过程中，以真诚平等的心态了解参与者的问题与诉求，及时给予专业的解答，是你展开社区花园活动的重要基础。

### 7.2.2 活动举办流程

接下来，我们会具体介绍这些培育活动的组织方式。你可以从中选择适合自己社区举办的活动来调动社区花园参与者的积极性。当然，培育活动并不拘于形式，重在培养居民的社区归属感，建立邻里间的认同感。

（1）前期活动

通常，首次活动可以举办提案大会，了解社区居民希望通过活动获得什么。回答一般会涉及社区生活的方方面面，比如：

- 习得成功营造花园的技巧，获得打造花园的工具。
- 结交相同爱好的朋友。
- 定期举办社区性的集会。



**社区提案大会流程**

| 时　控 | 主　题 | 内　容 | 备　注 |
| --- | --- | --- | --- |
| 30 分钟 | 自我介绍 | 1. 社区花园及你的自我介绍；<br>2. 介绍此次研讨的主题、流程和原则等 | 包括你的计划、目前已建成的花园的介绍等 |
| 60 分钟 | 活动提案讨论 | 每组讨论 20 分钟，随后轮换主题桌； | 鼓励桌长及成员将讨论中出现的重要的想法、意见记录在铺在桌子中间的纸上 |
| 30 分钟 | 汇报总结 | 每组将最终的解决方案写在白板上，并进行汇报 | 1人汇报、组员补充 |

准备材料：A2（或者更大）的白纸数张、马克笔、黑板、拥有数张圆桌的房间、茶点等。

- 学习一种新的生活技能。
- 为孩子提供关于童年和社区的愉快回忆。
- 社区整体环境的更新。

这些陈述反映了居民的观点，你需要做的是根据这些需求，筛选出适合当前在社区中举办的活动，并将其落地实施。当然，为了保证提案在可控范围内，激发参与者的讨论热情，你可以为与会者提供数个潜在的主题活动，并通过“世界咖啡厅”的形式，进一步丰富每个主题下的活动类型。

 Tips:

世界咖啡厅是一种在轻松的氛围中，透过弹性的小团体讨论，真诚对话，产生团体智能的讨论方式。在讨论中，可以带动同步对话、反思问题、分享共同知识，甚至找到新的行动契机。

（2）活动主题

① 睦邻活动

社区营造的真正主人是社区居民。睦邻活动的目的在于使社区居民产生身份认同，提升居民参与社区公共事务的热情。

② 自然教育

目前快速扩张的城市让大部分社区中的青少年缺少与自然接触的机会。除了驾车远行之外，社区花园的出现正是弥补这一缺陷的绝佳载体。在花园中的劳作对儿童或是成年人来说都是项有创造力的工作。

③ 文化交流

社区文化交流是暖化社区冷漠氛围的一种方式。活动以社区花园为纽带，挖掘社区整体人文历史，邀请居民探讨各种社区议题，恢复社区记忆，有助于居民对自己社区产生自豪感。

④ 社区公益

社区公益活动更多地关注到社区中的弱势群体，能够起到连接个人与个人、个人与社区、社区与社会的作用，从而促进社区中建立普遍信任，传递社区温情。

**社区活动主题**

| | 睦邻活动 | 自然教育 | 文化交流 | 社区公益 |
|---|---|---|---|---|
| 需要理解的技能和知识点 | • 手工技艺；<br>• 园艺技能；<br>• 社区市集；<br>• 食农体验 | • 自然中有很多值得学习的地方；<br>• 如何成为一名有责任心的耕种者；<br>• 创造健康的土壤 | • 社区文化；<br>• 社区历史 | 平等 |
| 价值观和行为习惯 | 社区家园 | • 遵循自然的劳动与饮食方式；<br>• 向大自然学习 | • 守护社区历史；<br>• 发扬社区文化 | 传递温暖 |
| 成果收集清单 | • 增加对社区的了解；<br>• 能增进人与人之间的友谊 | • 兴趣增加；<br>• 通过观察进行学习 | 愿意尝试来自另一种文化的东西 | • 为社会做了实实在在有益的事；<br>• 培养了自己的社会责任感；<br>• 能增进人与人之间的友谊 |

（3）活动深入

社区花园活动以社区花园为载体，当在社区花园中学习时，参与者能够全身心沉浸到学习过程中去，真正关爱花园、爱护花园。这种对花园的关心与责任感正是社区花园为整个社区带来的好处。因此，你可以通过提供专业的培训活动，把参与者聚集起来。

根据参与者的基础不同，可以提供不同难度的培训活动。

- 初级培训：每位参与者都需要参与初阶培训，培训内容包括了解社区花园的概念、服务内容和服务对象、日常的活动和正在开展的工作等；

- 中级培训：学成目标是成为社区园丁，培训内容包括调研、设计、营建、维护等；
- 高级培训：目标是成为社区管理队伍的导师，参与者将参与到后期志愿者发展以及其他社区的介绍讲解工作中，并可以借此途径获得一定的酬劳，在某种程度上实现再生产。

（4）活动反馈

活动结束之后，你可以通过反馈问卷或发言分享的形式来了解参与者对于本场活动的满意度，以帮助你在后期更好地改进活动内容或形式，进而在居民间得到更多的支持。

以问卷表为例，在设计活动反馈表之前你需要明确活动目标，目标清晰才能有的放矢地设计问卷问题，并根据反馈结果整理出有意义的评估。另外，语言表达需清晰准确，答案和问题的相关性和准确性需格外注意。建议设计好后先小规模内测并调整。其次，问卷设计应充分考虑题目数量和答题时长，填写时间最好为 3~5 分钟。最后，需考虑呈现方式，根据答题人群的特点合理选择移动设备 / 纸质载体、字体大小和语言表达风格。

共性问题（每个类别反馈问卷都包含的问题）见下表：

| 序号 | 问卷问题 | 答题方式 |
| --- | --- | --- |
| 1 | 你从何处了解到此次培训 | 单选（信息渠道） |
| 2 | 活动时间长度是否满意 | 单选（不同时间长度） |
| 3 | 课堂人数满意度 | 单选（不同人数区间） |
| 4 | 参与人群类别满意度—现状或多一些其他类别人群 | 单选（人群类别） |
| 5 | 改进建议 | 简答 |

针对四叶草堂目前开展的活动，以活动目标为标准，共梳理出以下类别：

**活动反馈表**

| 类　　别 | 问卷问题 | 答题方式 |
| --- | --- | --- |
| 一、都市永续生活入门级培训 | 培训主题和实际培训内容的匹配度 | 量度 |
| | 是否有兴趣通过学习成为本次活动主题的培训师或助理培训师 | 是或否，及个人信息 |
| | 本次培训最大的收获是什么 | 简答 |
| | 是否有兴趣参加四叶草堂同系列更多培训 | 是或否 |
| 二、花园营建工作坊 | 理论讲解内容满意度 | 单选（时间和丰富性） |
| | 实际操作说明是否清晰 | 量度选择 |
| | 工具是否满足操作需要 | 单选 |
| | 是否有机会充分实践 | 量度 |
| | 对本次工作坊营建结果是否满意 | 量度 |
| 三、专业内容系列培训（如朴门认证、社区园丁、种子计划等） | 本次培训印象深刻的内容 | 单／多选不同学习板块 |
| | 对特定讲师满意度 | 单选不同讲师名字 |
| | 准备如何应用所学 | 简答 |
| | 学完以后还有困惑之处 | 简答 |
| 四、睦邻活动 | 是否有其他活动主题建议 | 填空 |
| | 是否愿意在未来成为睦邻活动组织志愿者 | 是或否，及个人信息 |
| | 活动满意度，是否会推荐其他亲友来参加四叶草堂睦邻活动 | 度量选择 |
| | 满意／不满意哪些方面 | 简答 |

## 案例介绍

该小区社区花园在初步建立后，通过社区居委的组织，志愿者团队引入社会组织对自身进行维护培育。社会组织针对不同年龄段的志愿者，分别开展贴合其需求的活动，使志愿者有能力更新维护花园，并透过活动建立彼此的沟通和互动，提升社区的温度。我们提供了一些该社区的活动内容，供你参考：

百草园花友会活动内容

| | 活动时间 | 活动主题 | 活动类型 | 成果清单 |
|---|---|---|---|---|
| 志工花友会 | 6.29 | 我的花园我做主 | 议题讨论 | ① 梳理花园功能需求<br>② 选择基建材料<br>③ 反映突出矛盾问题 |
| | 7.13 | 建立植物小档案 | 技能学习 | ① 学习花园植物种类<br>② 了解植物生长习性 |
| | 7.29 | 自制植物驱蚊水 | 环保生活 | 建立自然与生活的联系 |
| | 8.10 | BBC课堂学习 | 技能学习 | 学习与实践园艺技能 |
| | 8.24 | 堆肥桶制作 | 花园建设 | 增加花园肥力来源 |
| | 9.7 | 创智农园参观 | 社区交流 | 不同社区间相互学习 |
| | 10.12 | 花园建设讨论 | 议题讨论 | ① 表达技能方面的需求<br>② 提供硬件上的保障 |
| | 10.19 | 花园建设 | 花园建设 | ① 培育花园土壤<br>② 植物种植 |
| | 11.2 | 竹篱笆搭建 | 花园建设 | 完善花园功能 |
| | 12.7 | 标识系统更新 | 花园建设 | ① 完善花园自导览系统<br>② 丰富志愿者服务内容 |

百草园小小志愿者活动内容

| | 活动时间 | 活动主题 | 活动类型 | 成果清单 |
|---|---|---|---|---|
| 小小志愿者 | 7.4 | 小暑丨发现植物的秘密 | 自然观察<br>环保生活 | 1. 植物认知<br>2. 建立自然与生活的联系 |
| | 7.22 | 大暑丨传递真情，分享关爱 | 社区公益 | 1. 感受传统消暑文化<br>2. 分享盈余生活物品 |
| | 8.5 | 立秋丨节气与食物 | 节气文化 | 1. 诗词赏析<br>2. 感受四季变化 |
| | 8.19 | 处暑丨自然观察笔记 | 自然观察 | 关注周围环境 |
| | 9.9 | 白露丨植物书签制作 | 环保生活 | 打开感官，体验自然 |
| | 9.23 | 秋分丨暑期生活分享会 | 社区沙龙 | 促进感情交流 |
| | 10.7 | 寒露丨秋深露寒，雁归菊红 | 花园建设 | 1. 认识建筑材料<br>2. 学习合作完成任务 |
| | 10.21 | 霜降丨萌娃种植记 | 花园建设 | 1. 学习园艺种植技能<br>2. 体验协作劳动 |
| | 11.4 | 立冬丨肉松贝贝 | 日常维护<br>社区交流 | 1. 解决社区中存在的设施植物破坏问题<br>2. 顺应自然规律的饮食 |
| | 11.18 | 小雪丨植物张贴画 | 花园建设 | 花园美化 |
| | 12.9 | 大雪丨酵素制作 | 日常维护 | 1. 了解花园堆肥系统构成<br>2. 学习家庭环保生活方式 |
| | 12.23 | 冬至丨饺子宴 | 社区食堂 | 1. 普及健康饮食文化<br>2. 体验劳动与收获 |
| | 1.6 | 小寒丨花园装饰 | 花园建设 | 艺术加工创作 |
| | 1.20 | 大寒丨绘制绿地图 | 花园建设 | 1. 认识植物<br>2. 学习地图构成与要素 |
| | 2.3 | 立春丨打春音乐会 | 社区达人秀 | 1. 促进志愿者间感情升华<br>2. 发现更多社区达人 |

**百草园活动现场记录合集**

### 活动设计模板如下（以立秋 | 节气与食物为例）

◆ 活动目的

（1）学习了解 24 节气背后的科学智慧。

（2）探究物候变化、植物季相。

（3）学习 24 节气相关诗词文化。

◆ 知识准备

（1）24 节气

24 节气作为古人长期以来自然观察总结出来的物候记录，在日常的生活和农业生产中非常实用，每个节气对应的物候变化，以及这些物候变化的原因都有着相应的气候知识。

（2）立秋

立秋是 24 节气中的第 13 个节气。每年 8 月 7 日或 8 日太阳到达黄经 135 度时为立秋。立秋即是秋意至，暑气渐消，也是非常重要的秋收季节。这个节气适合安排农事收获、美食制作分享等。

（3）美食食谱

依据实时的食材准备对应的制作方法，并准备材料介绍该食材的获得方法、食材的生长变化等。



◆ 物资准备

签到表、24 节气教具、知识介绍 PPT、食材、制作工具、小礼品、纸笔、投影仪、电脑、相机、话筒等。

◆ 活动流程

主题引入（5~10 分钟）

1.1　开场介绍

1.2　导师以提问的形式询问参加者对 24 节气的了解，从而引出活动主题，激发参加者的兴趣，增强活动的互动性，这个环节可以通过游戏、比赛的方式来加深参加者对主题的理解。

1.3　分组，美食制作宜 1~2 个家庭成组，如果纯儿童的可 3~4 人一组，最多 8~12 人一组。

知识构建（10~15 分钟）

2.1　导师通过询问了解参加者对于节气及其对应食材的了解。

2.2　提出活动任务。

活动实践（30~60 分钟）

3.1 介绍24节气的自然观察故事。

3.2 食材的趣味知识介绍。

3.3 美食DIY。

3.4 美食分享。

分享总结

4.1 引导参加者分享自己的活动收获（是否符合期待，有什么印象深刻的，活动有什么不足），导师可以根据实际情况准备一些活跃气氛的小礼物来作为积极分享的奖励。

4.2 导师重新回顾活动中重要的知识点、精彩的活动瞬间，帮助参加者加深印象。



## 7.3 激励队伍的再发展

经历一段时间的培育之后，你会发现队伍中某些成员在各自领域崭露头角。此时以合理的奖励机制感谢这些做出奉献的人，不仅能激励全员的积极性，也能够促进团队再发展。物质奖励能够直接刺激参与者的积极性，如果队伍资金短缺，一套健全的志愿者奖励制度也会有效表彰志愿者，让社区其乐融融，让花园活力满满。

### 7.3.1 收集参与者信息

你可以通过已形成的稳定的活动招募渠道，告诉大家有组建志愿者团队的需求，请有意向的居民填写事先准备好的登记表格，留下必要的信息，便于后期进行统一管理。目前，网络中有各种便捷的报名方式，考虑到社区中多数老年居民可能不擅长使用手机，也需要为他们准备纸质报名表。

在报名表中，“希望获得什么”一栏，是志愿者在服务工作中希望获得的回报内容。“对哪类服务有意向”是针对服务类型的，选项基于你的社区花园已有的服务内容而设置。如有必要，

志愿者信息收集表

姓名：

单位：（学校或社区）

电话：

地址：（可以选择填写离家最近的地铁站）

请回答以下问题：

1. 希望获得什么：

○提高动手能力 ○自然生态知识 ○物料或种子

○交到更多朋友 ○愉悦心情

你还有哪些期待呢：

2. 你愿意参与哪类活动：

花园养护：○日常维护 ○专业园艺技能类

社区活动：○技能的分享和授课 ○摄影 ○主持 ○记录

你还有哪些愿意分享的技能：

3. 你可以参加志愿服务的时间：

○工作日白天 ○工作日晚上 ○双休日或节假日 ○不确定

可进一步将志愿者的回报内容和服务类型细分。比如“活动组织”可以细分为“主持”“摄影”“场地筹备和清理”等。服务时间的信息则能用于志愿者（如需要）的排班。

根据回收信息进行梳理，你可以对志愿者队伍做好统筹安排：

- 设定标签——了解志愿者，安排合适岗位；
- 保持联系——纳入日常队伍，安排工作；
- 统计工作——设定积分制度，进行奖励。

### 7.3.2 挖掘社区领袖

队伍组建初期，你需要从报名的志愿者中选择几位社区领袖，协助你的工作。当队伍逐渐壮大之后，会逐渐出现不同分工要求的职能小组，可以选拔一些崭露头角的居民来担任负责人，进行有效管理。

社区领袖一般表现为有意愿、有热情、有能力为社区花园出一份力的人。他们或有突出的专业水平，或有强大的人际交往能力，能够成为队伍建设的带头人，获得社区居民的支持与信赖。根据社区的类型不同，社区领袖主要包括以下几种类型：

- 团队领袖。
- 意见领袖。
- 楼组长或业主代表。
- 业委会委员。

不管是何种身份，你需要保证这位社区领袖拥有责任心。作为社区领袖，除了基本的价值观与行为规范之外，更需要对社区事务无偿地出谋出力，并在后期通过自己的领导力带领社区居民对以社区花园为中心的活动进行管理。



在发掘社区领袖时，可依据社区面积采用不同的方式：

- 街区面积较大，边界不确定——多依靠组织网络宣传、线下活动。
- 住区边界比较明确，并且有居委、业委会等协助——采取居民推荐、走访居民的方式。

 **Tips:**

**在初期各方工作尚不完善时，社区领袖可能会面临压力过大、责任过重的问题。记得和这些社区领袖共同分担社区花园的管理工作，协助他们尽早掌握管理花园的要领。**

### 7.3.3 确定工作内容

每次志愿服务开始前，工作负责人需要把本次的工作需求按照工作内容以及时间段进行分类，并列出志愿者需求清单，以方便招募合适的志愿者。

**志愿者需求清单例表**

| 项目名称 | | | 社区花园花草观摩日<br>（×月×日 14:00—16:00） | | |
|---|---|---|---|---|---|
| | 工作内容 | 工作时间（小时） | 服务类型 | 回报内容 | 人数 |
| 1 | 摄影 | 2 | 活动组织 | 积分或无 | 1 |
| 2 | 讲解 | 2 | 授课 | 积分或劳动报酬 | 1 |
| 3 | 照看小朋友 | 2 | 活动组织 | 积分或无 | 1 |
| 4 | 撰文 | 2 | 活动组织 | 积分或无 | 1 |

在项目执行过程中，负责人在统筹全场工作时需要特别注意：

- 及时通知、组织志愿者。
- 确认志愿者到位并明确各自工作。
- 监督志愿者完成工作（包括开始前布置会场及结束后清理场地）。
- 及时指出志愿者工作的优缺点。



### 7.3.4 志愿者排班

除了定期的活动之外，社区花园也需要日常维护，才能保持整洁美观、长势良好。因此需要你（或者负责人）对志愿者们进行合理排班：

- 根据实际情况，对花园的工作量摸底；
- 将日常维护工作分解成几部分；
- 根据志愿者的能力和时间，对他们的工作进行排班。

你可以参考下面给出的花园工作量分解来制定自己的任务：

花园维护工作分解例表

| 工　　作 | 要　　求 | 工 作 量 |
|---|---|---|
| 清除、清理、切割杂草 | 需辨识不同种类 | 2人/2小时/周 |
| 小池塘的清理 | | 1人/1小时/周 |
| 浇水 | | 1人/20分钟/2次/周 |
| 修剪、清理枝叶 | 需具备园艺知识 | |

 Tips:

志愿者在履行自己的工作时，可以进行纸面或电子签到，并可以通过拍照等方式展现工作成果。这些都是花园成长的点点滴滴。如果志愿者缺少相应的园艺知识，你可以考虑组织集中培训，帮助他们更好地打理花园。

### 7.3.5 志愿者积分

记录志愿者的工作，是对他们的付出的一种肯定，也是日后进行奖励的重要参考。在这里我们推荐使用比较简单、直观的积分法来进行评定，即将志愿者的服务时间换算成积分（如1小时 = 1分）。每次服务完成之后，志愿者管理负责人会根据签到及其完成情况记录积分。

志愿者积分

在完成一定量的积分后，还可以根据积分数量设置不同的等级称号（如种子、幼苗、花朵、大树）对志愿者进行划分。当志愿者满足一定级别后，为其颁发对应称号的小徽章会非常有趣。你还可以请服务了一定时间的志愿者做自己小组的志愿者管理负责人，指导其他新加入的志愿者们。

志愿者等级金字塔

需要一定技能的工作可以乘以一定的系数（如修剪1小时=2分）。

## 7.3.6 志愿者活动与奖励

一套健全的志愿者奖励制度可以激励志愿者的参与热情。每隔一段时间，结合积分与服务对象的反馈情况，可以面向所有志愿者开展一些回馈活动。常见的活动有一年一次的志愿者表彰，每月一次志愿者生日派对，每月一次志愿者服务小时数排名并登记、上荣誉墙，等等。你也可以根据志愿者的喜好开展一些他们喜欢的活动。

百草园优秀志愿者表彰

# 结 语

## 社区花园是一种反思，或许代表一种新的未来

社区花园的设计、营造、维护、管理，难还是不难？设计营造是简单易行的，还是复杂漫长的？本书所倡导的社区花园和一般的城市绿化及精美的别墅花园有什么不同？这些问题是我们团队这几年努力实践、验证的出发点，也可以说是一种自我反思。我们的反思是针对“精准景观”而言，就是通过精确定位得出精准设计并进行精致加工实施的精美景观。这在中国当下景观市场粗制滥造、鱼龙混杂的大背景下实属难能可贵。这些精准设计，被政府和企业购买，让作为用户的人们有机会体验这高质量的产品，从中获得愉悦和满足，这也是每一种产品的追求。

然而，我们一直在想，一定还有另外一种相对的方式：人们从一开始就高度参与的景观设计，体验从粗糙、稚嫩到日臻完美的过程。社区花园就是这样一种产品，从设计开始，策划、施工、养护等一系列过程都由现在或是未来使用者带着对未来的预期来共同参与完成。这个全流程参与的过程可以成为高质量的体验，而不仅仅在建成后。这和前述的“三精”景观是完全不同的设计逻辑和生产方式。在精英决策商业运作的大环境下，主流的景观生产方式就是政府和企业采购的景观。最终用户，也就是民众，多数情况下只能被动接受和使用，没有选择权。我们的设计和营造在找寻另一种方式，与上述方式相对的一种平衡。这种方式可以使社区花园作为一种优良的社会治理媒介，在空间生产中达到在地社区自我管理的状态，是对现行景观生产方式的补充或者说矫正：超越效率和消费，引导用户主动思考，参与到景观生产中去。真正的甲方不是出资的开发商和拥有决策权的机构精英，更应是未来真正和场地息息相关的使用者，而这个过程的根本目标就是通过在地行动，参与者实现了转变：从单纯的景观产品的消费者变为负责而有生产力的使用者。

从景观的生命周期而言，精心加工制作的景观尤其是人工构筑产品，从它建成的那一天起，就开始被动地受到外力抵抗而衰败——越精巧的东西越容易出问题。这和车、手机等同属于消费品。这些消费品，从启用的那一刻起，它的“精确”，开始逐渐变得模糊起来。很多地产公司购买的景观设计服务与最终营造的景观，很大程度上沦为其房屋销售的道具，所以大量的售楼处景观更是无所不用其极。

我们倡导的社区花园主要靠植物等有自然生命的元素，通过用户的使用实现协同生长，营造属于自己社区的景观，这是一个协同进化的过程，也是一个从模糊到逐渐精确的过程。我们在前期对社区居民进行辅导支持，提供体验学习的机会，使居民掌握基本的社区景观设计营造的技能，参与人员再去影响、带动更广大的社区居民来共同营造景观，后期制定、完善自主管理制度规范整个流程。利用人群学习与合作的能力，相互带动。在此过程中，人群的花园营造技法不断精进，从而使空间景观迭代提升，生生不息。



从景观空间的服务功能而言，越精准的设计，越是局限了使用者，你只能这样用，其实质是封闭的。用户只能被动地使用这块场地，并没有自由发挥的空间。特别是人工构筑的景观，对这些被精确设计过的“物”的迷恋，对“机巧”的执着，不同程度上会降低对自然的反应。与之相对，社区花园倡导一种开放界面并适度“留白”的设计，让人们自由地参与设计的过程，当然需要我们参与者不断去调适，与自然生命共同成长，与社区共同成长，这其中，随着动手能力的增强，在真实的生活中，人格也得以更加健全。

从系统安全的角度而言，集中式的设计营造的生产方式有着高效的特点，但是存在系统安全隐患，任何一个环节出问题，都会直接导致结果的改变。社区花园作为景观空间的一种类型，采用的是分布式的生产方式，把景观生产的不同环节和区块分摊给不同的人，这些人包括正在阅读本书的您和家人、邻居、友人以互助的方式形成自治团体，大家协力为之。如果某一个小环节或者某一小块出了问题，不会导致系统整体崩溃。当然集中采购、高效生产在很多时候是需要的，只是应该有另一种方式存在。

从能源消耗与可持续发展而言，精准设计、精巧实施的景观产品，整个设计、生产过程和后续报废的处理过程，需要消耗大量能源，特别是其降解，很容易造成环境问题。这是资本推动消费导向的空间生产的根本问题，目前没有好的办法解决，景观只是其中一个小小片段而已。作为公共空间的关注者抑或专业从业者，我们在汹涌大潮中需要保持警惕，任何旨在推动社会进步和可持续发展的不同探索，都是值得的。社区花园系统，倡导充分利用在地的资源特别是“废弃物”，设计看重全生命周期的考量，无疑是一种反思与补充。我们强调与自然充分接触，亲手感受泥土的温度、种子萌发的力量及其带来的由衷的喜悦，这个景观生产的过程是漫长的，也是值得期待的。这种主观能动的“小”，和被动消费的“大”，是一种有趣的对比，这个过程对人的影响要数十年后才能看得出来。



中国的景观行业与花园事业尚处于发展期，旨在提升广大市民日益增长的对美好生活的需求所采取的任何探索，都是值得鼓励的。我们坚持认为核心思路一定是多元的、包容的。社区花园只是其中一种探索而已，对精准设计的反思，并不是否定专业的力量，恰恰相反，多元参与式景观设计对设计师提出了更高的要求，这就是对美好生活本质的理解，对市民自我实现的价值观的深度理解。设计师必须全身心投入到美好生活的创造和创新中去，当下最宝贵的，是扎根在地社区行动和实践。

在结语修改的今天，我们一群举行聚会的伙伴们看到了国家保护陆生野生动物黄鼬，坐标是都市社区花园——火车菜园。这是我们 2014 年参与设计营造的园地，现在已经成为社区自然学校和社区花园教育基地。这一天，社区伙伴在一片蛙声蝉鸣中，品尝到了火车菜园自酿的中华土蜂蜜，渠岸边坡上采摘的苣荬菜，在这个炎热的夏日，清爽而解暑。我们不知道黄鼬、青蛙和苣荬菜来自哪里，然而它们已经常年在这里安家。这些都市土地的稀客，本来是属于这片土地的。我们希望土地恢复自然的生产力，景观的内涵是丰富的，充满活力的，它应该成为我们的日常，成为我们生命不可分割的一部分。社区花园不仅是人的乐园，作为友善的园地，它也是生命的乐园。

感谢团队的同事们，大家因为对自然的热爱，因为可持续的景观设计与营造聚在一起，这本书的写作，是大家集体的智慧和努力的结晶。我们的愿景是人人参与，共建家门口的都市桃源。我们的使命是带领居民走近自然、了解自然，协助居民打造社区中的公共花园，并促进人与人之间的交流，推动社区营造。让我们在各自的岗位上，在自己的社区，乐享我们的美丽家园。

最后，特别感谢各位友人，正因有你们的支持，我们才有机缘介入这些项目，一起见证这小而美的社区成长的力量。



刘悦来　魏　闽
2018 年 6 月 30 日
写于创智农园

# 附　录

当你想向专业的团队咨询社区花园如何建设的时候，你可以尝试先回答以下这些问题，这会帮助你了解如何启动一个花园。

**社区花园起步阶段自检表**

1. 是否获得多方的共同意愿希望建设社区花园？
   ○是　　　　　　　　　○否
2. 希望建设什么样的社区花园？（可多选）
   a. 您的团队伙伴准备好了吗：
      ○个人想做，目前尚未发展伙伴
      ○有几位邻居伙伴也有意向，还在沟通中
      ○已经有稳定的队伍，愿望热烈
      ○得到居委和业委会代表的强力支持
      ○其他 ________________
   b. 建成后养护责任：
      ○随机（以组织活动的形式进行集体养护，人员随机）
      ○固定人员养护
   c. 种植植物：（可多选）
      ○蔬菜　○花卉　○香草　○果树
      ○其他 ________________
   d. 种植方法：
      ○坚持对自然环境友好的种植方式　○无所谓
   f. 花园建设的目标人群：（可多选，但要选择主要目标人群）
      ○儿童　○青少年　○成年人　○刚退休人员　○老年人
      ○低收入者　○遛狗人士　○特殊群体
   g. 您个人或团队有哪些专长和特点（可多选）
      ○园艺种植经验　○设计从业经验　○擅长做手工
      ○环保或自然教育背景经验　○书画技艺
      ○行动号召和组织能力强　○团队稳定，人员超过 5 个
      ○团队均衡，男女老少兼有
      ○热心公益，主动为社区服务意愿强

○其他 ____________

3. 地权属性：

○城市公共土地　○社区物业管理范围　○园区　○校区

○其他 ____________

4. 资金：

a. 预算：希望花多少钱来建设小花园？

○ 1 000 元以下　○ 1 000~5 999 元　○ 6 000~9 999 元

○ 10 000 元及以上

b. 养护预算：对每年养护的预算是否有考虑？

○是，考虑金额：________　○否

c. 资金扶持建设：（可多选）

○个人自筹　○众筹　○物业支持

○政府资金支持

○其他 ____________



5. 花园建设

a. 花园的地址：最好有地图截图，截图需要带有花园本身，周边道路，周边建筑，指北针，图片下方最好附加社区地址，或地块位置，以及花园面积。

b. 材料和布局是否需要堆肥处、工具存放处、围栏、高床种植、垃圾分类存放处、雨水收集、宣传牌、休息区、娱乐区（可多选），是否还有其他要求，如 ____________

c. 花园周边是否有高层建筑遮挡阳光？

○是，建筑层数为 ________ 层　○否

d. 所需设计花园是否有交通穿行的需求？

○是　○否

e. 地块的浇灌：水源位置是否确定，是否方便浇灌？

○是　○否

f. 所需设计地块现在是否有排水问题？

○是　○否

（如果有排水问题，请问何地何时有雨水排不出的情况：____________________）

g. 花园是否有供电需求，电源位置是否有考虑？

○是　○否

（如果有供电需求，请确定电源来源位置在：____________）

h. 检测地块土壤情况：

○土壤状况良好　○土壤板结　○黏质土壤　○砂质土壤

i. 设计地块下方是否有车库顶板？

○是　○否

（如果有顶板，希望与物业沟通，标明土表面到车库顶板的土层厚度：____________________）

j. 需设计场地上是否有乔木或灌木需要保留？

○是　○否

（如果有需保留的植物，请记录植物品种和生长情况：____________________）

[ 特别感谢 FCG 社区花园之友社群成员 Julie 诸葛雪瑾对本表格的贡献。]

# 参考文献



[ 1 ] Rosemary Morrow. 地球使用者的朴门设计手册 . [ M ] . 台北：大地旅人环境工作室，2012.
[ 2 ] Bill Mollison. 永续农业概论 [ M ] 李晓明，李萍萍译 . 江苏：江苏大学出版社，2014.
[ 3 ] Carolyn Nuttall，Janet Millington. 户外教室——学校花园手册 [ M ] 帅莱译 . 北京：电子工业出版社，2017.
[ 4 ] 谢东奇著 . 一米家庭菜园 [ M ] . 云南：云南大学出版社，2010.
[ 5 ] 藤田智 . 在阳台上种菜 [ M ] . 烟雨译 . 浙江：浙江科学技术出版社，2011.
[ 6 ] 藤田和芳 . 一根萝卜的革命 [ M ] 李凡，丁一帆，廖芳芳译 . 上海：生活 · 读书 · 新知三联书店，2013.
[ 7 ] 高文胜，单文修 . 一地多种蔬菜高效种植模式 [ M ] . 北京：化学工业出版社，2008.
[ 8 ] 王莅，朱鑫，王俊杰 . 容易上手的家庭蔬菜种植 [ M ] . 天津：天津科技翻译出版有限公司，2014.
[ 9 ] 花草游戏编辑部 . 基础栽培大全 . [ M ] . 长春：吉林科学技术出版社，2009.
[10] 王珮君等 . 地球使用者的朴门设计手册 . [ M ] . 台北：大地旅人环境工作室，2012.
[11] 刘佳燕，谈小燕，程情仪 . 转型背景下参与式社区规划的实践和思考——以北京市清河街道 Y 社区为例 [ J ] . 上海城市规划，2017 ( 02 )：23—28.
[12] 钱静 . 西欧份地花园与美国社区花园的体系比较 [ J ] . 现代城市研究，2011，26 ( 01 )：86-92.
[13] 周玉新 . 日本市民农园的经营模式研究 [ J ] . 世界农业，2007 ( 11 )：42-46.
[14] 一米菜园种植方法最早由园艺家 Mel Bartholomew 发明。
[15] 菲奥娜 · 霍普斯 . 生态花园实用手册 [ M ] . 赵昕译 . 武汉：湖北科学技术出版社，2014.
[16] 孟磊，江慧仪 . 向大自然学设计 [ M ] . 台北：新自然主义

股份有限公司，幸福绿光股份有限公司，2011：183-186.
[17] Rosemary Morrow. 地球使用者的朴门设计手册 [M]. 台北：大地旅人环境工作室，2012.
[18] 绿精灵工作室. 厨余变沃土：生活垃圾堆肥 DIY [M]. 武汉：湖北科学技术出版社，2015：29-32.
[19] 花草游戏编辑部. 基础栽培大全 [M]. 长春：吉林科学技术出版社，2009.
[20] 让-皮埃尔·马丁. 花园里的蜜蜂 [M]. 武汉：湖北科学技术出版社，2016：44-45.
[21] 刘悦来，尹科娈，魏闽，范浩阳. 高密度中心城区社区花园实践探索——以上海创智农园和百草园为例 [J]. 风景园林，2017（9）：16-22.
[22] 刘悦来，尹科娈，葛佳佳. 公众参与 协同共享 日臻完善——上海社区花园系列空间微更新实验 [J]. 西部人居环境学刊，2018（4）：1-5.
[23] 刘悦来，范浩阳，魏闽，尹科娈，严建雯，张健，萨拉·雅各布斯. 从可食景观到活力社区——四叶草堂上海社区花园系列实践 [J]. 景观设计学，2017，5（3）：72-83.
[24] 刘悦来，尹科娈，魏闽，王莹. 高密度城市社区花园实施机制探索——以上海创智农园为例 [J]. 上海城市规划，2017（2）：29-33.
[25] 刘悦来. 社区园艺——城市空间微更新的有效途径 [J]. 公共艺术，2016（4）：10-15.
[26] 刘悦来. 可食地景 [J]. 人类居住，2016（1）：3.

# 致 谢



感谢我们团队同事们，大家因为对自然的热爱，因为可持续的景观设计与营造聚在一起。我们的愿景是人人参与，共建家门口的都市桃源。我们的使命是带领居民走近自然、了解自然，协助居民打造社区中的公共花园，并促进人与人之间的交流，推动社区营造。让我们在各自的岗位上，在自己的社区，乐享我们的美丽家园。

这本手册是我们团队的这几年以社区花园为代表的参与式社区微更新实践的结晶，从设计、营造到活动、管理，几乎所有同事都参与其中，包括刘悦来、魏闽、范浩阳、谢文婉、后学兵、廖小平、尤佳妍、杨静、尹科娈、丁诗意、李欣昱、李杰、葛佳佳、易晓武、黎海涛、徐翔、陈亚彤、王武、毛玮、高静等，没有团队伙伴儿们的努力，也就没有这些素材和积累。在本书的写作过程中，更是体现了团队协作的力量：尹科娈（第1、2章）、谢文婉（第3、4章）、丁诗意（第5章）、尤佳妍（第6、7章）、葛佳佳（志愿者部分）、李杰（植物部分）做了关键性的工作，文中配图由廖小平、尹科娈、谌诺君绘制。本书统稿由魏闽主持，这是一个艰辛冗长系统整合的工作。审核由刘悦来、魏闽、范浩阳、尹科娈、葛佳佳、陈亚彤等共同完成。感谢我们的共同事业合伙人范浩阳数年来对团队的保驾护航无私奉献，感谢尹科娈为本书付梓前前后后的各种努力！

感谢支持我们社区花园事业的政府、企业、社区、高校、研究机构、社会组织、媒体、市民等不同层次和方向的伙伴们，没有各位的支持，我们也没有机会参与到这场广泛而深入的空间实验和社会治理的变革中去。

## 微信公众号:

四叶草堂订阅号：微信号：CloverNatureLine

## 推荐阅读文章:

朴门永续 PDC 课程反馈

风景园林杂志《高密度中心城区社区花园实践探索——以上海创智农园和百草园为例》

成都社区花园营造分享

上海浦兴社区花园分享

上海创智农园

上海火车菜园